# 中式面点制作

◎ 秦关召　主编

中国农业科学技术出版社

## 图书在版编目（CIP）数据

中式面点制作／秦关召主编 . —北京：中国农业科学技术出版社，2019. 2

ISBN 978-7-5116-4044-4

Ⅰ . ①中… Ⅱ . ①秦… Ⅲ . ①面食-制作-中国 Ⅳ . ①TS972. 116

中国版本图书馆 CIP 数据核字（2019）第 024293 号

**责任编辑** 白姗姗
**责任校对** 贾海霞

出 版 者 中国农业科学技术出版社
 北京市中关村南大街 12 号 邮编：100081
电 话 （010）82106638（编辑室） （010）82109702（发行部）
 （010）82109709（读者服务部）
传 真 （010）82106650
网 址 http://www.castp.cn
经 销 者 各地新华书店
印 刷 者 北京建宏印刷有限公司
开 本 850mm×1 168mm 1/32
印 张 4. 5
字 数 110 千字
版 次 2019 年 2 月第 1 版 2020 年 8 月第 2 次印刷
定 价 29. 00 元

# 前　言

中国的面点历史悠久，风味各异，品种繁多。面点的历史可上溯到新石器石代，当时已有石磨，可加工面粉，做成粉状食品。到了春秋战国时期，已出现油炸及蒸制的面点，如蜜饵、酏食、糁食等。此后，随着炊具和灶具的改进，中国面点的原料、制法、品种日益丰富，出现了许多大众化风味面食。

本书介绍了中式面点制作应掌握的工作技能及相关知识，包括中式面点师岗位认知、中式面点基本常识、馅心制作、中式面点常见品种制作等内容。

本书适合于相关职业学校、职业培训机构在开展职业技能短期培训时使用，也可供中式面点工作相关人员参考阅读。

编　者

2019 年 1 月

# 目　录

# 第一章 中式面点师岗位认知

中式面点师是运用中国传统的或现代的成型技术和成熟方法，对面点的主料和辅料进行加工，制成具有中国风味的面食或小吃的人员。

## 第一节 中式面点师岗位入门

### 一、认识中式面点

面点，即正餐以外的小份量食品，包括主食品、点心以及各种特色小吃。面食制品、米食制品、杂粮制品和薯类制品、南瓜和豆类制品，都属于面点制品。面点是面食制品的总称，因面点主要是以麦粉和米粉为原料，故饮食业内称之为白案或面案。

### 二、中式面点风味特色

我国的面点以长江为界分南北两大风味，具体又有京式、苏式、广式、川式、晋式和秦式六个流派。

#### （一）广式面点

广式面点是指珠江流域及我国南部沿海一带制作的面食、小吃和点心。它以广东省为代表，因而称为广式面点。其中又将广东的潮安、汕头、澄海等地区的民间食品称为"潮式"面点，将福建省闽江流域制作的面点称为"闽式"面点。广式面点的特色如下。

（1）品种繁多，讲究形态、花色、色泽。这一特色主要表现在三个方面：第一，广式面点品种多样。据统计，广式面点的品类有四大类约23种，馅心有三大类约47种，能做的广式面点有2 000多种。广式面点按大类分还有日常面点、星期面点、节日面点、旅行面点、早茶面点、中西面点、招牌面点等。第二，广式面点季节性变化多。广式面点随四季变化的要求是"夏秋宜清淡，冬季宜浓郁，春季浓淡相宜"。例如，春季有鲜虾饺、鸡丝春卷，夏季应市的是荷叶饭、马蹄糕，秋季有萝卜糕、蟹黄灌汤饺，冬季有腊肠糯米鸡、八宝甜糯饭。第三，形态丰富多彩。广式面点中除了有人们常见的包、饼、糕、条、团等形态外，还有筒、盏、挞、饺、角等各种造型。

（2）受西点影响，使用油、糖、蛋较多。广式面点模仿西式糕点工艺手法，如擘酥皮工艺即借鉴了西式糕点清酥工艺手法，具有中点西做的特点。广式面点在原料的选择、点心的配方上也大量汲取西式糕点经验，使用油、糖、蛋较多，如广式月饼的用油量、糖浆量均比京式、苏式月饼的用量大，这也是广式月饼易回软、耐储存的重要原因之一。又如，马蹄糕的用糖量为主料马蹄的70%。

（3）馅心用料广泛，口味清淡。广东物产丰富、五谷丰登、六畜兴旺、蔬果不断、四季常青，广泛的原料为制馅提供了丰厚的物质基础。广东地处亚热带，气候较热，饮食口味重清淡，如马蹄糕、萝卜糕等。

广式面点的代表品种有笋尖鲜虾饺、娥姐粉果、叉烧肠粉、葡式蛋挞、叉烧包、腊味芋头糕、马蹄糕、虾肉烧卖、莲蓉甘露酥、生滚猪血粥、咖喱擘酥角和叉烧酥等。另外，在广式早茶的经营中，豉汁排骨、粉蒸牛肉丸、豉汁蒸凤爪、蒸鱼头等的制作也是面点师的工作内容。

**（二）苏式面点**

苏式面点泛指长江下游、沪宁杭地区制作的面食、小吃和点心。它源于扬州、苏州，发展于江苏、上海等地，因以江苏省为代表，所以称为苏式面点。苏式面点又因地区不同分为苏扬风味、淮扬风味、宁沪风味和浙江风味。苏式面点的特色如下。

（1）品种繁多，应时迭出。由于物产丰富、原料充足以及面点师技艺的高超，使得苏式面点用同一种面坯可制出不同造型、不同色彩、不同口味的品种来。

（2）制作精细，讲究造型。苏式面点在造型上具有形象逼真、玲珑剔透、栩栩如生的特点。这一点在苏式船点上表现得最为突出。船点是苏式面点中出类拔萃的典型代表，相传它发源于苏州、无锡水域的游船画舫上，是供游人在船上游玩赏景、茗茶时品尝的点心，因而叫船点。它经过揉粉、着色、成型及熟制而成。成型主要采用捏的方法，在造型上有各种花草、飞禽、动物、水果、蔬菜和五谷等。

（3）馅心善掺冻，汁多肥嫩，味道鲜美。京式面点善于选吸水力足的家畜肉，使用"水打馅"的方法，而苏式面点善于用肉皮、棒骨、老母鸡清炖冷凝成皮冻。如淮扬汤包在500克馅心中要掺冻300克。这样熟制后的包子，汤多而肥厚，看上去像菊花，拿起来像灯笼。食时要先咬破吸汤，味道极为鲜美，且别有一番情趣。有食客这样叙述吃汤包的情景："轻轻夹，慢慢晃，戳破窗，再喝汤。"

苏式面点的代表品种有三丁包子、淮扬汤包、蟹粉小笼包、鲜肉生煎包、蟹壳黄、翡翠烧麦、宁波汤圆、黄桥烧饼、青团、麻团、双酿团、船点、松糕、花式酥点等。

### （三）京式面点

京式面点，泛指黄河下游以北大部分地区制作的面食、小吃和点心。它包括山东地区及华北、东北等地流行的民间风味小吃和宫廷风味的点心。由于它以北京为代表，故称京式面点。京式面点的特点如下。

（1）原料以面粉为主，杂粮居多。我国北方广大地区盛产小麦、杂粮，这些是京式面点工艺中的主要原料。

（2）馅心口味甜咸分明，口感鲜香、柔软、松嫩。由于我国北方的纬度较高，气候寒冷干燥，因而京式面点在馅心制作上多用"水打馅"，以增加水分。咸馅调制多用葱、姜、黄酱、香油等调料加重口味，形成了北方地区的独特风味。如天津的狗不理包子，就是加入骨头汤，放入葱花、香油等搅拌均匀成馅的，其风味特点是：口味醇香，鲜嫩适口，肥而不腻。

（3）面食制作技艺性强。京式面点中被称为四大面食的抻面、削面、小刀面、拨鱼面，不但制作工艺精湛，而且口味筋道、爽滑。如在银丝卷制作中，不仅要经过和面、发酵、揉面、溜条、抻条、包卷、蒸熟七道工序，同时面点师还必须有娴熟的抻面技术，抻出的条要粗细均匀、不断不乱、互不粘连，经包卷、蒸制，成为暄腾软和、色白味香的银丝卷。

京式面点的代表品种分为民间面食、小吃和宫廷点心两部分。民间有：都一处烧麦、狗不理包子、艾窝窝、焦圈、银丝卷、褡裢火烧等。宫廷有清宫仿膳的豌豆黄、芸豆卷、小窝头、肉末烧饼等。

### （四）晋式面点

晋式面点指夹峙于黄河中游峡谷和太行山之间的高原地带，三晋地区城镇乡村制作的面点。晋是山西省的别称，由于春秋战国时期山西省大部分属于晋国而得名。三晋是指晋中盆地、晋东山地和晋西高原。

晋式面点是我国北方风味中的又一流派，它覆盖了三晋地区的广大农村，虽品种不多，但制法多样，成为中国饮食文化中不可缺少的一部分。晋式面点的特点如下。

（1）用料广泛，以杂粮为主。山西的面点原料除了小麦以外，还有高粱、莜麦、荞麦、小米、红豆、芸豆、土豆、玉米等。山西民谣中有"三十里的莜麦，四十里的糕（黄米面做），二十里的荞面饿断腰"，描述的都是杂粮制品。如红面（高粱面）擦尖、莜面栲栳栳、荞面圪饦、玉米面摊黄、黄米面油糕、豆面抿曲等都是家喻户晓的民间百姓食品。

（2）工具独特，技艺性强。晋式面点在制作时常常借助本地特有的工具。如刀削面用无把手弯形刀片，刀拨面用双把手刀，抿曲用抿床，擦尖用擦床，饸饹用饸饹床等。这些工具都是其他地区面点制作技艺中少见的工具。

山西面食制作中，原料大多来自于大众的普通原料，但制作起来技艺性很强，极富表演性，在旅游饭店做明档厨房或客前服务是最合适不过了。这是其他面点流派所不能比拟的。如飞刀削面、大刀拨面、空中揪片、转盘剔尖、剪刀面、一根面、龙须夹沙酥等都需要很强的技能，都是需要经过较长时间的练习才能真正掌握的工艺技巧。

（3）"一面百吃，百面百味"。山西素有"面食之乡"的称誉。千百年来，山西人民总是利用本地特有的原料，制出风味不同的面食品，其主要品种是各式面条。

山西的面条从熟制方法上看，除了人们最常见的煮制方法配各种浇头（或称卤、臊子）外，还有烩面、焖面、炒面、蒸面、炸面、煎面、凉拌面等多种样式。

晋式面点的代表品种主要有一根面、刀削面、刀拨面、剔尖（拨鱼）、猫耳朵、炒疙瘩、莜面卷卷、闻喜饼、黄米面油糕、莜面鱼鱼、山药丸丸、酸汤揪片、红面剔尖、莜面饨饨等。

### （五）秦式面点

秦式面点泛指我国黄河中上游陕西、青海、甘肃、宁夏等西北部广大地区制作的面食、小吃和点心。它以陕西省为代表，因陕西在战国时期曾是秦国的辖地，故称秦式面点。它是我国北部地区的又一重要流派。秦氏面点的特色如下。

（1）喜食牛羊肉，制作精细。汉族古老面点与少数民族的饮食习惯水乳交融，形成秦式面点的主要特色。如羊肉泡馍、羊血汤等。

泡馍是深受大众喜爱的食品。由于专营店铺不断增加，使各泡馍店竞相钻研技艺，煮馍技术日趋完美。泡馍在煮法上有三种区别，至今鲜为人知，它们是"干泡""口汤"和"水围城"。

干泡，要求煮成的馍，肉片在上、馍块在下，汤汁完全渗入馍内。口汤，要求煮成的馍盛在碗里，馍块周围的汤汁似有似无，馍吃完后仅留浓汤一大口。水围城，这种煮馍方法适于较大的馍块，此法馍在碗中间、汤汁在周围，所以叫"水围城"。另外，还有碗里不泡馍、光要肉和汤的吃法，叫作单做。

煮好的馍上桌时，和糖蒜、香菜、油炒辣子酱等一起上桌。食用时不可用筷子来回搅动，以免发澥和散失香味，只能从碗边一点点"蚕食"。

（2）面食为主，原料丰富多样。秦式面点的原料，粮食类除小麦外，还有粟、黍、粱、秫，肉类有猪、牛、羊、鸡、狗肉，蔬菜水果更是繁多，有些地区还以河鲜或海鲜为馅。秦式面点油酥制品居多，如榆林马蹄酥、酥皮类点心、金丝油塔等。

（3）口味注重咸、鲜、香，讲究辣、苦、酸、怪、呛，民族风味浓厚。

秦式面点的代表品种有羊肉泡馍、臊子面、黄桂柿子饼、裤带面、锅盔、肉夹馍、石子馍、千层油酥饼、泡儿油糕、关中搅团、金丝油塔等。

### （六）川式面点

川式面点是指长江中上游川、滇、黔地区制作的面食和小吃。以四川省为代表，故称川式面点。在当地又分为重庆和成都两个派别。川式面点的特色如下。

（1）用料大众化，搭配得当。如成都小吃的原料，无非是糖、油、蛋、肉、面粉、江米等，并没有什么名贵的东西，全靠搭配得当变换出各种味道。如叶儿粑的用料就极其简单，它是用糯米面包甜馅做成的，只是在其表面用芭蕉叶或鲜荷叶包制。

（2）精工细做，雅致实惠。如钟水饺本是极普通的家常食品，它制作起来与北方水饺不同。第一，它以瘦肉细制为馅，不加其他填充料；第二，面皮薄厚适中，绵软适度；第三，个头较小，50 克面粉做十几个饺子；第四，食用时浇上辣椒油、蒜泥和红白酱油等作料，吃起来虽与北方饺子差不多，但却异曲同工、自有妙处。

（3）口感上注重咸、甜、麻、辣、酸。许多人认为川式面点与菜肴一样也是辣味占主导，其实不然。如四川凉面的怪味，吃在口中是酸、甜、麻、辣、咸、鲜、香（蒜、葱的辛香）。

川式面点的代表品种有担担面、赖汤圆、龙抄手、钟水饺、麻辣凉粉、醪糟汤圆、叶儿粑、三大炮、糖油果子、豆花、珍珠圆子、牛肉焦饼、蛋烘糕等。

# 第二节　中式面点师的生产任务

## 一、面点作业区的生产任务

面点作业区主要负责各类面食、点心和主食的制作，有的点心部门还兼管甜品、炒面、炒饭类食品的制作。在餐饮行业的经营活动中，面点作业区的生产任务主要如下。

（1）负责制馅原料的清洗、粉碎以及馅心的调制。

（2）负责各种面食、点心、主食面坯的调制。

（3）负责各式面食、点心、主食的成型。

（4）负责各式面食、点心、主食的熟制。

（5）保持面点作业区及设备、工具的清洁。

（6）根据经营特点负责茶市茶点及小吃的制作。

## 二、面点作业区域的设计要求

### 1. 面点作业区的划分

面点作业区一般分为面点制作区与面点熟制区。面点制作区主要用于面点的前期加工，米饭、粥类食品的淘洗，馅料调制、面坯调制、面点成型制作在此区域进行。面点熟制区主要用于米饭、粥类、汤面、余卤臊子等的蒸、煮、炒，点心、面食的蒸、炸、烤、烙等工艺在此区间完成。因此，面点作业区一般多将生制阶段与熟制阶段相对分隔，以减少高湿度、高温度的影响。空间较小的面点间，可以集中设计生制、熟烹相结合的操作间，但要求抽油烟、排蒸汽效果好，以保持良好的工作环境。

### 2. 面点间布局基本要求

（1）加热设施与制作区域分开。加热区的高温、高湿不利于制作区面点食品的保存，同时也严重影响制作区工艺操作环境。

（2）有足够的案台和活动货架车。多数面点工艺制作是在木制案台上完成的，有些工艺也需要在大理石案台上完成，所以案台是面点制作间必备的设备。放置烤盘和蒸屉的活动货架车可以有效节约厨房空间，使用灵活方便。

（3）设计大功率的通风排蒸汽设备。面点制作的蒸煮工序会产生大量的水蒸气，而水蒸气对原料、成品的储存和加工工艺过程均有不利影响，所以无论制作区与熟制区是分设还是一体，面点厨房的通风排气、降温除湿都是非常重要的。

（4）设置单独的冷藏冷冻设备。由于产品特性不同，面点制作区域成品和半成品需要与其他区域分开保存。

# 第三节　中式面点生产的工具设备

## 一、常用工具的使用和保养

### （一）面杖工具

（1）擀面杖。擀面杖形状为细长圆柱形，根据尺寸可分为大、中、小三种，大的长 80~100 厘米，适合擀制面条、馄饨皮等；中的长 50 厘米左右，适合擀制大饼、花卷等；小的长 33 厘米，适合擀制饺子皮、包子皮、小包酥等。

使用方法：双手持面杖，均匀用力，根据制品要求将皮擀成规定形状。

（2）单手杖。单手杖又称小面杖，两头粗细一致（图 1-1），用于擀制饺子皮、小包酥等。使用时双手用力要匀，动作协调。

使用方法：事先把面剂子按成扁圆形，左手的大拇指、食指、中指捏住左边皮边，放在案板上，右手持擀面杖，压住右边皮的1/3处，推压面杖，不断前后转动，转动时要用力均匀，将面剂擀成中间稍厚、边缘薄的圆形皮子。

（3）双手杖。双手杖较单手杖细，擀皮时两根合用，双手同时使用，要求动作协调。主要用于擀制水饺皮、蒸饺皮等。

使用方法：将剂子按成扁圆形，将双手杖放在上面，两根面杖要平行靠拢，勿使分开，擀出去时应右手稍用力，往回擀时应左手稍用力，双手用力要均匀，这样皮子就会擀转成圆形。

图1-1 单手杖

（4）橄榄杖。它的形状是中间粗、两头细（图1-2），形似橄榄，长度比双手杖短，主要用于擀制烧卖皮。

图1-2 橄榄杖

使用方法：将剂子按成扁圆形，将橄榄杖放在上面，左手按住橄榄杖的左端，右手按住橄榄杖的右端，双手配合擀制。擀时，着力点要放在边上，右手用力推动，边擀边转（向同一方向转动），使皮子随之转动，并形成波浪纹的荷叶边形。

（5）通心槌。通心槌又称走槌，形似滚筒，中间空（图1-3），供手插入轴心，使用时来回滚动。由于通心槌自身重量较大，擀皮时可以省力，是擀大块面团的必备工具，如用于大块油酥面团的起酥、卷形旋转喷水搅拌面点的制皮、碾压各种脆性原料等。

**图1-3　通心槌**

（6）花棍。花棍外形两头为手柄，中间有螺旋式的花纹（图1-4），是擀制面点平面花纹的主要工具。

以上几种面杖是面点制作中常用的工具，使用后，要将面杖擦净，放在固定处，并保持环境的干燥，避免其变形、发霉。

**（二）粉筛**

粉筛亦称箩，主要用于筛面粉、米粉以及擦豆沙等。粉筛由绢、铜丝、铁丝、不锈钢丝等不同材料制成，随用途、形状的不同，粉筛筛眼粗细不等。如擦豆沙、制黄松糕用的是粗眼筛，做粉类点心用的筛眼较细。绝大多数精细面点在调制面团前都应将粉料过箩，以确保产品质量。

使用时，将粉料放入箩内，不宜一次放入过满，双手左右

**图 1-4　花棍**

摇晃，使粉料从筛眼中通过。使用后，将粉筛清洗干净，晒干后存放固定处，不要与较锋利的工具放置在一起。

**（三）案上清洁工具**

（1）面刮板。面刮板用不锈钢皮、铜皮、塑胶片等制成。薄板上有握手，主要用于刮粉、和面、分割面团。

（2）粉帚。粉帚以高粱穗制成，主要用于清扫案上粉料。

（3）小簸箕。小簸箕以铁皮或不锈钢皮等制成，主要用于扫粉、盛粉等。

**（四）炉灶上用的工具**

（1）漏勺。用铁、不锈钢等制成，面上有很多均匀孔的带柄的手勺。根据用途不同有大、小两种，主要用于沥干食物中的油和水分，如捞面条、水饺、油酥点心等。

（2）网罩、笊篱。网罩、笊篱是用不锈钢或铁丝编成的凹形网罩，用于油炸食物沥油等。

（3）铁筷子。用两根细长铁棍制成。没炸食物时，用来翻动半成品和钳取成品，如炸油条、油饼等。

（4）铲子。用木板、不锈钢、铁片等制成，用以翻动、煎、烙食品，如馅饼、锅贴等。

**（五）制馅、调料工具**

（1）刀。刀分为方刀和片刀两种。主要用于切面条、剁菜馅等。

（2）砧板。砧板有多种规格、大小，是对原料进行刀工整理的衬垫工具，一般以白果树木材制的最好，一些组织坚密的木材也可制作，现在也有用合成材料制作的。砧板主要用于切制馅料等。

（3）盆。盆有瓷盆和不锈钢盆等，根据用途有多种规格，主要用于拌馅、盛放馅心等。

（4）蛋甩帚。用不锈钢制成，有大、中、小三种规格，主要用于抽打鸡蛋液等。

**（六）成型工具**

（1）模子。根据用途不同，模子规格大小不等，形状各异。模内刻有图案或字样，如蛋糕模等。

（2）印子。印子为木质材料制成，刻有各种形状，底部表面刻有各种花纹、图案及文字，坯料通过印模成型，可形成具有图案的、规格一致的精美点心食品，如定胜糕、月饼等。

（3）戳子。用铁、铜材料制成，大小规格各异，有多种图案，如桃、花、兔等。

（4）花镊子。一般用不锈钢或铜片制成，用于特殊形状面点的成型、切割等。

（5）小剪刀。制作花色品种时修剪图案。

（6）其他工具。面点师使用的小型工具多种多样，其中，一部分属于自己制作的，它们精巧细致，便于使用，如木梳、骨针、刻刀等。

**（七）储物工具**

（1）储米、面柜。以不锈钢为多，用于盛放大米、面粉等。

（2）发面缸、盆。多用不锈钢、陶瓷等制成，有多种规格，用于发酵面团等。

**（八）着色、抹油工具**

（1）色刷。多以牙刷为主，主要用于半成品或成品的着色。

（2）毛笔。用于面点品种的着色。

（3）排笔。用于面点品种的抹油。

**（九）衡器**

（1）台秤。主要用于原料的称量。

（2）电子秤。主要用于各种添加剂的称量。

**（十）常用工具的保养**

（1）编号登记，专人保管。面点厨房使用的工具种类繁多，为便于使用，应将工具放在固定的位置上，且进行编号登记，必要时，要有专人保管。

（2）刷洗干净，分类存放。笼屉、烤盆、各种模具以及铁、铜器工具，用后必须刷洗、擦拭干净，放在通风干燥的地方，以免生锈。另外，各种工具应分门别类存放，既方便取用，又避免损坏。

（3）定期消毒。案板、面杖及各种容器，用后要清洗干净，且每隔一定时间要彻底消毒 1 次。

（4）建立设备工具专用制度。面点厨房的设备工具要有专用制度，如案板不能兼作床铺或饭桌，屉布忌做抹布，各种盆、桶专用，不能兼作洗衣盆等。

**二、常用设备的使用和保养**

在面点制作中，各品种的最后完成，都必须通过使用不同的器具才能实现，而每一种器具，都有其不同的使用方法和技巧。设备、工具的使用方法和技巧，是面点制作技术中十分重要的技术，掌握各种设备、工具的使用技术，可以使面点制作更加规范化，从而提高产品质量，增加产品数量。

1. 蒸汽蒸煮灶

蒸汽蒸煮灶是目前厨房中广泛使用的一种加热设备。一般分为蒸箱和蒸汽压力锅两种。它们的特点是：炉口、炉膛和炉底通风口都很大，火力较旺，操作便利，既节省燃料又干净。

2. 烘烤炉

（1）电热烘烤炉。电热烘烤炉是目前大部分饭店、宾馆面点厨房必备的一种设备。它主要用于烧烤各类中西糕点。常用的有单门式、双门式和多层式烘烤炉。电热烘烤炉的使用主要是通过定温、控温、定时等按键来控制，温度一般最高能达到300℃，可任意调节箱内上下温度，控制系统性能稳定。

使用方法：首先打开电源开关，根据品种要求，将控温表调至所需要的温度，当烘烤炉达到规定温度时，将摆好生坯的烤盘放入炉内，关闭炉门，将定时器调至所需烘烤时间，待品种成熟后取出，关闭电源。待烤盘凉透后，应将烘烤炉清洗干净晒干，摆放在固定处。

（2）燃烧烘烤炉。燃烧烘烤炉是以煤、煤气等作为燃料的一种加热设备。它通过调节火力的大小来控制炉温。在使用上和卫生保洁上与电热烘烤炉一样，但不如电热烘烤炉方便。

3. 炉灶

（1）煤气灶。煤气灶是使用煤气、液化气、天然气等可燃气体为燃料的炉灶。由灶面、炉圈、燃烧气、输气管道、控制阀及储气罐等组成。灶体结构为不锈钢制成。煤气灶的点火可采用引火棒、电子引燃器等。控制阀可调节，以控制火力大小及熄火。煤气灶可随用随燃，易于控制，清洁卫生。

（2）燃油灶。燃油灶是以油为燃料的燃烧炉灶，其优点和性能结构与煤气灶相似，但就经营成本来说，更优于煤气灶。不过它也存在一定的缺陷，如燃烧时噪声较大，并且点火没有煤气灶方便自如。使用燃油灶需要操作人员具有一定的操作水平，掌握操作规律。

4. 锅

（1）双耳锅。双耳锅属于炒锅类，大小规格不等，分为手工打制和机械加工两种，前者比较厚实，较重，经久耐用，一般火烧不易变形，主要用于炒制馅心、炒面、炒饭或余炸面点。机械加工类炒锅，锅身光洁度高、厚薄均匀、锅身轻、传热快，但耐用性没有手工打制的锅长。

（2）平底锅。平底锅又称为平锅，沿口较高，锅底平坦，一般适用煎锅贴、生煎馒头，烙制各种饼类等面点。

（3）不粘锅。不粘锅是由一种合成材料涂于金属锅表面制成，大小规格不等，圆形、深沿、平底、带柄。特点是煎制或烙制食物受热均匀，不粘底，但在使用过程中，不能用金属铲翻动锅内食物，而应用木铲翻动，防止不粘层被破坏而影响锅的使用效果。

（4）电蒸锅。电蒸锅是利用电能来蒸制食品的器具，锅内的水通过电加热产生蒸汽使点心成熟。电蒸锅由不锈钢材料制成，外表成圆形，上面有三个圆形的孔洞是放笼屉蒸制用的。电蒸锅传热较快、蒸汽足，有高、中、低 3 挡开关调节蒸汽的大小，使用方便，清洁卫生。

5. 加工机械

（1）和面机。和面机又称拌粉机，主要用于拌和各种粉料，它是利用机械运动将粉料和水或其他配料拌和成面坯。形式有铁斗式、滚筒式、缸盆式等。它主要由电动机、传动装置、面箱搅拌器和控制开关等部件组成，工作效率比手工操作高 5～10 倍。

使用方法：使用时应先清洗料缸，再把所需拌和的面粉投入缸内，然后启动电动机，在机器运转中把适量的水一次性徐徐加入缸内，一般需要 4～8 分钟的时间，即可成面团。注意必须在机器停止运转后方可取出面团。

和面后应将面缸、搅拌器等部件清洗干净。

（2）多功能搅拌机。多功能搅拌机是综合打蛋、和面、拌馅、绞肉等功能为一体的食品加工机械。主要用于制作蛋糕（搅拌蛋液），是面点制作工艺中常用的一种机械。它由电动机、传动装置、搅拌器和蛋桶等部件组成，利用搅拌器的机械运动将蛋液打起泡，工作效率较高。

使用方法：将蛋液倒入蛋桶内，加入其他辅料，将蛋桶固定在打蛋机上。启动开关，根据要求调节搅拌器的转速，蛋液抽打达到要求后关闭开关，将蛋桶取下，将蛋液倒入其他容器内。

使用后要将蛋桶、搅拌器等部件清洗干净，存放于固定处。

（3）多功能粉碎机。多功能粉碎机主要用于粳米、糯米等粉料的加工，分为人工和电动两种。它是利用传动装置带动石磨或以钢铁制成的磨盘转动，将大米或糯米等磨成粉料的一种机具。多功能粉碎机的效率高，磨出的粉质细，以水磨粉为最佳。

使用方法：启动开关，将水与米同时倒入孔内，边下米边倒水，将磨出的粉浆倒入专用的布袋内。

使用后须将机器的各个部件及周围环境清理干净。

（4）轧面机。轧面机是用以压制片状面制品的面食机具。一般由滚筒、切面刀的传动机构及滚筒间隙的调整机构组成。

采用圆柱滚压的成型原理。

使用方法：先启动电动机，待机器运转正常后，将和好的面放入，经压面滚筒反复挤压即成面皮，可压制面片、馄饨皮等。切面刀可分为粗细不同齿牙，牙数越多，轧出的面条越细。

（5）磨浆机。磨浆机是豆类、谷类的湿粉碎机。磨浆机可分为铁磨盘和砂轮盘两种，具有省力、维修简单等特点。

（6）绞肉机。绞肉机又称绞馅机，主要用于绞制肉馅，分为电动和手动两种类型。电动绞肉机由机架、传动部件、绞轴、绞刀和孔格栅组成。

使用方法：使用时要先将肉去皮去骨分割成小块，用专用的木棒或塑料棒将肉送入机筒内，随绞随放。肉馅的粗细，可根据要求调换刀具。

绞肉机使用后及时将各部件拆下内外清洗干净，以避免刀具生锈。

（7）馒头机。馒头机又称面坯分割器，分为半自动和全自动两种，速度快，效率高。

使用方法：将面坯自加料斗降落入螺旋输送器，由螺旋输送器将面还向前推进，直至出料口，出料口装有一个钢丝切割器，把面坯切下落在传送带上。馒头坯质量可通过使用调节手柄进行控制。

6. 案台

案台是面点制作中必备的设备，在面点制作中，绝大部分操作步骤都是在案台上来完成的。案台的使用和保养直接关系到面点制作能否顺利进行。案台多由木质、大理石和不锈钢等制成，其中，以木质案台使用最多。

（1）案台的使用。木质案台大多用厚6厘米以上的木板制成，以麦木制的最好，其次为柳木制的。案台要求结实牢固，表面平整，光滑无缝。在使用时，要尽量避免用其他工具碰撞，切忌当砧板使用，不能在案台上用刀切、剁原料。大理石案台多用于较为特殊的面点制作，它比木质案台平整光滑，一些油性较大的面坯适合在此类案台上进行操作。不锈钢案台主要是制作西式面点用。

（2）案台的保养。案台使用后，一定要进行清洗。一般情况下，要先将案台上的粉料清扫干净，再用水刷洗或用湿布将案台擦净即可。如案台上有较难清除的黏着物，切忌用刀用力铲。

# 第四节　面点厨房生产安全

## 一、常规安全

面点师常规安全习惯是厨师行业沿袭下来的，为避免危险事故威胁立下的规矩。它是一种良好的职业素养，是从事该行业的人员必须首先养成的习惯。

（1）基本行为习惯。不在厨房内跑动、打闹；不随处乱放刀具，不用刀具指向他人；手拿刀具行进中，手心紧握刀背，并将手紧贴于身体的侧前方；不在通道、楼梯口堆放货物；当地面有油、水、食物泼洒时，立即清除；只在规定的吸烟区（吸烟室）吸烟，不乱丢弃烟头；任何时候不将易燃物，如汽油、酒精、抹布、纸张等放置在火源附近。

（2）着装习惯。厨房员工在厨房生产中按规定着装，不仅是保证厨房食品卫生与安全的需要，也是有效防止火灾、摔伤、磕伤等事故发生的需要。所以面点师要身着干净的工作服、工作帽、角巾、围裙和鞋，鞋带、围裙、角巾必须系好系紧，防止脱落；上衣口袋不放火柴、打火机、香烟、纸张等易燃物，笔、小勺放在左臂上的口袋内。

## 二、常规用电安全

（1）熟悉电气设备的开关位置。

（2）清洗电气设备时必须断电。

（3）在清理机械、电气设备时，只用布擦拭电源插座和开关，不要将水喷淋到电源插座和开关上。

（4）工程人员断电挂牌作业时，严禁合闸。

（5）厨房员工不得随意处理突发的断电事故。

（6）下班时关闭所有电灯、排气扇、电烤箱等电气设备。

## 三、货物搬运安全

搬运物品在厨房生产运作中极为常见，厨房的扭伤、摔伤、砸伤、划伤事故也往往也与搬运货物有关。这一方面有厨师自身劳动技巧问题，另一方面也有厨房环境安全隐患引发的问题。

（1）地面搬运货物安全。将货物从地面抬起或将货物举起放置高处的过程，如果用力不当、姿势不当、身体重心掌握不当，均有可能发生扭伤、夹伤、轧伤、砸伤事故。搬运重物前，应先观察四周，确定搬运轨迹及目的地，尽量使用手推车。从地面搬起重物时，应先站稳，挺直背、弯膝盖，不可向前或向侧弯曲，重心在腿部。搬运重物（汤桶、垃圾桶）或大型设备，尽量与其他人合作完成，不可一次性超负荷搬运货物。将物体推举向高处时，应一口气完成。不用扭转腰背的方式从反方向搬运物品，不独立搬运超过人体高度的物品。搬运长形物体时保持前高后低，尤其是上下楼梯、转角处或前面有障碍物时；推滚圆形物体时（如圆形桌面）应站在物体后面，双手不放在圆形物体弧线的边缘。

（2）使用工作梯安全。厨房的摔伤事故，有一些是工作中不能正确使用扶梯造成的。梯子应架在平坦稳固的立足点，梯面与地面的夹角应在60°左右。上下梯子时，两手两脚不能同时放在同一横档上，重心应维持在身体的中间。在上下梯子的过程中，手中不能拿任何物件。不得使用任何有缺陷的梯子。梯子绝对不许架设在门口，除非将门锁上或有专人看守。不容许两人同在一架梯子上工作。梯子用后，必须立即收妥。

（3）瓷片及玻璃器皿搬运安全。厨房使用的瓷片多为各式盘子、碗、汤勺、汤古子等用餐器皿。厨房瓷片搬运中容易发生的事故主要是划伤，所以大宗瓷片和玻璃器皿搬运应该注意以下几点：搬运瓷片或器皿，应该穿平底胶鞋，不佩戴松弛的饰物，并戴手套保护双手；瓷片搬运前，要先检查有无破损，将破损的瓷片器皿挑出并及时报损；搬运较多瓷片（盘碟）时应该使用手推车，将瓷片平稳地码放在推车上，且瓷片码放不宜太多、太高；碗、盘、玻璃器皿打碎时，不要用手捡拾，要用扫帚清理。

（4）货车使用安全。使用货车（手推车）运送货物时最容易造成砸伤、轧伤等事故。装货前，要将车停稳固定，防止溜车。往车上码放重物时，应该有人扶车，注意重物在下、轻物在上，不超负荷载重。车上物品码放不能超过运货人视线，防止货车轧人、撞人撞物。推车时应控制车速，不能推车跑，不拉车后退行走。推车运货遇拐角处时，人应站在车的一侧双手拉车。载重推车如遇上下电梯，应找人帮忙。遇地面不平整时，行进速度要放缓，防止颠簸造成货物散落砸伤他人。

# 第五节　面点厨房卫生规范

## 一、环境卫生清洁程序

（1）清扫地面的程序。面点制作间的地面通常无水渍、油渍，但面粉、面粒、面糊有时会散落在地面。面点间地面的卫生要求是：干净，无面迹、水迹，无污物。

（2）清理面点制作案台（板）的程序。面点制作间的案台通常有木制台面、大理石台面和不锈钢台面三种，其卫生要求是：案子表面干净，无杂物，无面迹、油迹。无论使用哪一种台面，工作前都要去掉案板上的杂物，再用湿布将台面擦拭干净。

（3）清理工具储物柜的程序。目前面点间的工具柜大多是不锈钢材料的立式柜，面点工艺中常用的工具，如盆、盘、箩、走槌、面杖、尺子板、剪子、刀具、模具、台秤等均放在工具储物柜中。面点间储物柜的卫生要求是：柜子内外（包括抽屉）干净，无油污、无尘土、无杂物。

### 二、设备卫生清洁程序

（1）清理冰箱的程序。面点间冰箱的卫生要求是：外表光亮、无油垢，内部干净，无油垢、霉点，物品码放整齐，无异味。清理冰箱的程序如下。

第一步：切断电源，打开冰箱门，清理出前日剩余的原料，擦净冰箱内部及货架、冰箱密封条和通风口。

第二步：将放入冰箱内的容器擦干净，所有食品更换保鲜膜，贴好标签，容器底部不能有汤、水等杂物。

第三步：冰箱外表用清洁剂水擦洗至无油垢，再用清水擦洗干净，最后用干布擦光亮。

（2）擦拭烤箱、饧发箱的程序。面点间烤箱、饧发箱的卫生要求是：箱内无杂物，外表光亮，控制面板、把手光亮。

第一步：切断电源，将烤箱、饧发箱外表用湿布擦干净（重度不洁时用洗涤灵清洗），再用干布擦干至外表光亮。

第二步：烤箱冷却后，将烤箱内清理干净；将饧发箱内及架子擦净，更换饧发箱内的水。

（3）擦拭和面机、轧面机、搅拌机的程序。面点间和面机、轧面机的卫生要求是：干净，无面粉、无污粉。

第一步：切断电源，卸下各部件（面桶、托盘、搅拌器等），用清水擦洗设备表面，去掉面污、面嘎；再用清水擦洗干净至表面光亮。

第二步：将卸下的部件用温水清洗干净，擦干后装在机器上。

第三步：将机器周围的地面清扫干净。

（4）清理电饼铛的程序。面点间电饼铛的卫生要求是：饼铛内外干净、无杂物，表面光亮。

第一步：切断电源，用清洁剂水将饼铛及架子擦洗干净，重度油垢可用去污粉擦洗，再用清水清洗。

第二步：将饼铛内用热水擦洗干净至无油、无污物。

第三步：用干布由内至外、由上至下将饼铛及架子擦干。

（5）擦拭汽锅蒸箱的程序。面点间汽锅蒸箱的卫生要求是：干净明亮，无米粒、无污迹。

第一步：关闭送气阀门，将内屉取出刷净，清除内部杂物、污物。

第二步：接通皮水管冲洗气锅内外，再用干布擦干气锅蒸箱表面。

第三步：将内屉放在指定的架子上。

第四步：将屉布用清水浸泡透，洗去粘在上面的米粒和面块，再用清水反复投洗至不粘手；最后拧干水分，晾在通风处。

## 三、工具卫生清洁程序

（1）清洗刀具的程序。面点间的刀具除普通菜刀外，还包括刮刀、铲刀等，菜刀的刀把一般缠成白色。面点间刀具的卫生要求是：干净无油，无霉迹、无铁锈。

第一步：先将刀面污物刮净，再将刀逐个放在水池中，用百洁布清洗（有油时用清洁剂洗净），再用水冲洗干净。

第二步：用干布擦干后放在通风处定位存放。

（2）清洗墩子的程序。面菜间一般使用白色菜墩或菜板，其卫生要求是：墩子无油，墩面洁净、平整，无异味，无霉点。

第一步：墩子用过后，用刀将墩子表面刮净。

第二步：将墩子放入水池中，热水冲洗并用板刷或百洁丝刷净墩子表面。

第三步：用清水冲洗干净，再用干布擦干墩子后竖立在指定位置，注意保持通风。

（3）清洗台秤（电子秤）的程序。台秤在厨房属于"精密仪器"，清洗过程中要注意对其精度的保护，特别是电子秤，不能水洗，只能用干净的湿布擦拭。

第一步：先将秤盘内外表面的油污面垢去掉。

第二步：用百洁布蘸清洁剂水，将秤盘内外刷洗干净。

第三步：用清水冲洗并用干布擦干。

第四步：将台秤底座用湿布擦干净。

第五步：将秤放在通风、平稳的指定位置。

# 第二章 中式面点基本常识

## 第一节 中式面点常用面坯

### 一、水调面坯

#### （一）水调面坯的特征

水调面坯根据和面时使用的水温不同，其面坯所具有的特性也不同。

（1）冷水面坯。面坯本身具有弹性、韧性和延伸性。成品一般色泽洁白、爽滑筋道。冷水面坯适合做各种面条、水饺、馄饨、馓子等大众面食。

（2）热水面坯。面坯本身黏性大、可塑性强，但韧性差、无弹性。成品色泽较暗，口感软糯。适合做广东炸糕、搅团、泡泡油糕、烫面炸糕等特色面食。

（3）温水面坯。面坯的黏性、韧性和色泽均介于冷水面坯和热水面坯之间，质地柔软且具有可塑性较强的特点。适合于制作烙饼、馅饼、蒸饺等大众化面食。

#### （二）水调面坯工艺要领

1. 温水面坯工艺要领

温水面坯既要有冷水面主坯的韧性、弹性、筋力，又要有热水面主坯的黏性、糯性、柔软性，因而在调制时要注意以下四点。

（1）水温准确。直接用温水和面时，水温以60℃左右为宜。水温太高，面坯过黏而无筋力；水温过低，面坯劲大而不柔软，无糯性。

（2）冷热水比例合适。调制半烫面时，一定是热水掺入在先、冷水调节在后，且冷热水比例适当。热水多，面坯黏性、糯性大，韧性小；冷水多，面坯韧性、延伸性大，柔软性不够。

（3）及时散发主坯中的热气。温水面坯和好后，需摊开冷却，再揉和成团。

（4）面和好后，应在面坯表面刷一层油，防止风干结皮。

2. 热水面坯工艺要领

不论是哪一种烫面方法，都要求面坯柔、糯均匀。热水面工艺要注意以下六点。

（1）吃水量要准。热水面调制时的掺水量要准确，水要一次掺足，不可在面成坯后调整，补面或补水均会影响主坯的质量，造成成品粘牙现象。

（2）热水要浇匀。热水与面粉要均匀混合，否则坯内会出现生粉颗粒而影响成品品质。

（3）及时用力搅拌。当热水与面粉接触时，应及时用面杖将水与面粉用力搅拌均匀，否则热水包住部分面粉，使其表面迅速糊化，而另一部分面粉被糊化的部分分割而吸不到热水，从而形成生粉粒。

（4）散尽面坯中的热气。热水面烫好后，必须摊开冷却，再揉和成团，否则制出的成品表面粗糙，易结皮、开裂，严重影响质量。

（5）烫面时，要用木棍或面杖搅拌，切不可直接用手，以防烫伤。

（6）面和好后，表面要刷一层油，防止表面结皮。

3. 冷水面坯工艺要领

冷水面坯在不同季节、不同地区（主要指不同纬度位置）即便是使用冷水，水的温度也会有所差异。冷水面坯调制需要注意以下四点。

（1）分次掺水。和面时要根据气候条件、面粉质量及成品的要求，掌握合适的掺水比例。水要分几次掺入（一般应分三次），切不可一次加足。如果一次加水太多，面粉一时吃不进去，会造成"窝水"现象，使面坯粘手。

（2）水温适当。由于面粉中的蛋白质是在冷水条件下生成面筋网络的，因而必须用冷水和面。但在冬季（环境温度较低时），可用30℃的温水和面。

（3）用力揉搋。冷水面中致密的面筋网主要是靠揉搋力量形成的，只有用力反复揉搋，才能使面坯滋润，表面光滑、不粘手。

（4）静置饧面。和好的面坯要盖上洁净的湿布静置一段时间，这个过程叫饧面。饧面的目的是使面坯中未吸足水分的颗粒进一步充分吸水，更好地生成面筋网，提高面坯的弹性和光滑度，使面坯更滋润，成品更爽口。饧面时加盖湿布的目的是防止面坯表面风干，发生结皮现象。

## 二、膨松面坯

### （一）物理膨松

物理膨松法是利用高速度搅拌，能使面糊里打进并保持住气体形成空气泡沫，通过泡沫受热膨胀形成膨松柔软的制品。用鸡蛋作为调搅介质，将鸡蛋搅打成含有大量气体的蛋泡糊，然后加面粉调制成蛋泡面糊。使制品在加热过程中，其内部气体膨胀。制成的食品松软可口。

物理膨松法的膨松力大，且使用简单。物理膨松法又称调搅膨松法或机械力胀发法。

在制作蛋糕时，要选用新鲜鸡蛋为原料。因为鲜蛋含氮成分高，灰分低，胶体溶液的稠浓度高，保持气体的性能好，而且没有不良气味。蛋越新鲜，蛋清越稠浓，蛋黄的弹力越大，制作的成品质量越好。另外，还宜选用精粉，调制时最好是一次搅成。

**（二）化学膨松**

化学膨松法，是指将苏打、发酵粉、碱、明矾等化学品掺入面团揉合，利用其在加热时产生的二氧化碳气体使面团体积膨大松软。

含糖、油等多辅料的面团一般常用化学膨松法，主要用于制作精细点心，如奶油开花包等。化学膨松剂可分为两类：一类是可单独使用的原料，如小苏打、发酵粉等；另一类是混合性的原料，如明矾、碱、盐混合使用，用于炸油条、油饼。

化学膨松法从和面到制坯的时间较短，不用酵母，不受酵母生活条件的限制，但对化学品的用量要求比较严格。

1. 使用化学膨松剂的要求

在烘烤加热膨松面团时，其内能迅速而均匀地产生大量二氧化碳气体。在烘烤加热后的成品中所残留的物质必须无毒、无味、无臭和无色。

用最小的量而能产生最多的二氧化碳气体为最好；化学性质比较稳定，在储存期食品不易变质；价格低廉，使用方便。

2. 两种常用的化学膨松原料及其性能

（1）碳酸氢钠（小苏打）。碳酸氢钠在加热到70℃时，能产生较多二氧化碳气体。据统计，1克小苏打大约可产生0.524

克二氧化碳气体（即在常温下 300 毫升）。小苏打一般使用量为面粉总量的 1%～2%。用于高温烘烤的糕饼制作，使用量不宜过多，过多会使制品带有碱味且发黄。

（2）碳酸氢铵。碳酸氢铵在 36～60℃ 时，能分解产生二氧化碳气体。据统计，1 克碳酸氢铵约可产生二氧化碳 0.458 克及氨气 0.354 克（即常温下 250～500 毫升）。在发生化学反应时会产生几种气体，故发力较强，一般适用制作薄型糕饼，由于氨气的味道不易散失，不宜制作馒头等品种。

**（三）生物膨松面坯**

（1）生物膨松面坯的概念。生物膨松面坯是指在面坯中引入酵母菌（或面肥），酵母菌在适当的温度、湿度等外界条件和淀粉酶的作用下，发生生物化学反应，使面坯中充满气体，形成均匀、细密的海绵状组织结构。行业中常常称其为发面、发酵面或酵母膨松面坯。

生物膨松面坯具有色泽洁白、体积疏松膨大、质地细密暄软、组织结构呈海绵状、成品味道香醇适口的特点。代表品种有各式馒头、花卷、包子。

（2）生物膨松面坯工艺方法。生物膨松面坯是中式面点工艺中应用最广泛的一类大众化面坯，全国各地根据本地区的情况，均有自己习惯的工艺方法，各地料单略有不同。下面介绍两种常见的工艺方法。

第一种方法：活性干酵母工艺。将 10 克干酵母溶于 200 克 30℃ 的水中，与 15 克白糖、1 000 克面粉混合，再加入 300 克水和成面坯，盖上一块干净的湿布，静置饧发，直接发酵。

在餐饮行业，有一些面点师根据经验，摸索出一种生物和化学交叉的方法使面坯膨松，用这种方法发酵面坯，时间短、发酵快、质量好。

第二种方法：酵母—发酵粉交叉膨松工艺。面粉 500 克加入活性干酵母 5 克，与发酵粉（泡打粉）15 克、白糖 20 克、清水 225～250 克一起揉匀揉透和成面坯。常温下无须饧发，可直接下剂成型，但熟制前应静置饧发。

（3）生物膨松面坯工艺要领。

①掌握酵母与面粉的比例：酵母的数量以占面粉数量的 1% 左右为宜。

②严格控制糖的用量：适量的糖可以为酵母菌的繁殖提供养分，促进面坯发酵。但糖的用量不能太多，因为糖的渗透压作用会使酵母细胞壁破裂，妨碍酵母菌繁殖，从而影响发酵。

③适当调节水与面粉的比例：含水量多的软面坯，产气性好，持气性差；含水量少的硬面坯，持气性好，产气性差。所以面与水的比例以 2：1 为宜。

④根据气候，采用合适的水温：和面时，水的温度对面坯的发酵影响很大，水温太低或太高都会影响面坯的发酵。冬季发酵面坯，可将水温适当提高，而夏天则应该使用凉水。

⑤根据气候，注意环境温度的调节：35℃左右是酵母菌发酵的理想温度。温度太低，酵母菌繁殖困难；温度太高，不仅会促使酶的活性加强，使面坯的持气性变差，而且有利于乳酸菌、醋酸菌的繁殖，使制品酸性加重。

⑥保证饧发时间：面坯饧发有两层含义，其一是面坯初步调制完成后的静置饧发；其二是面坯成型工艺完成后，也需要在适当的温度和湿度条件下静置一段时间。实践中人们往往十分重视面坯初步调制完成后的饧发，而忽视成型工艺后的饧发，因此造成制成品塌陷、色暗，出现"死面块"和制品萎缩的现象。

### 三、层酥面坯

层酥，即由面皮和酥面两块不同性质的面团制成。又分为酥皮和擘酥两种。酥皮是用干油酥面和水油酥面两种面团制皮包制而成的；擘酥是用油酥面和水面组合制成的。

层酥制品的特点是外形美观、层次分明、酥松可口。层酥所用的酥皮种类较多。按酥皮所用的配料划分，有水油面皮、发酵面皮、蛋和面皮等。

#### （一）层酥面坯工艺

上述三种层酥，虽然面坯的口感和质地差别明显，但其起层起酥的原理基本相同。

（1）皮面经验配方及工艺。层酥皮面坯主要用于包制干油酥，起组织分层作用，由于它含有水分，因而具有良好的造型和包捏性能。

①水油面：以面粉 500 克、猪油 125 克、水 275 克的比例，将原料调和均匀，经搓擦、摔打成柔软有筋力、光滑不粘手的面坯即成。

②蛋水面：以面粉 500 克、鸡蛋 150 克、水约 150 克的比例，将原料和匀揉透，整理成方形，放入平盘置于冰箱冷冻待用。

③酵面皮：以面粉 500 克、酵母 5 克、水约 300 克的比例，将原料和匀揉透，成为光滑、有韧性的面坯即成。

（2）酥心面经验配方及工艺。油酥面主要用于水油面的酥心，有分层起酥的作用。由于它既无韧性、弹性，又无延伸性，因而不能单独使用。

①干油酥：以面粉 500 克、猪油 275 克的比例，将面粉与猪油搓擦均匀、光滑即成。

②黄油酥：以面粉350克、黄油1 000克的比例，将面粉与黄油搓擦均匀成柔软的油酥面，整理成长方形，放入平盘置于冰箱冷冻待用。

③炸酥：以植物油直接对入面粉中，调和成稀浆状即成。植物油既可以直接与面粉调和，也可以加热后趁热浇入面粉。油与面粉的比例通常根据制品的需要而定，开酥工艺只能采用"抹酥"的方法。

（3）开酥工艺。开酥又称破酥。层酥面坯开酥的方法主要有两种，一种是包酥，即用皮面包裹油酥面，通过擀、叠、卷等手法制成有层次的坯剂；另一种是叠酥，即用皮面夹裹油酥面，通过擀、叠、切等手法制成有层次的坯剂。其实在实际工艺中，由于制品的需要，还常常将包酥和叠酥两种开酥方法混用。

①包酥工艺：包酥适合于水油酥皮和醅面层酥。其方法根据手法不同有铺酥、抹酥、挂酥、叠酥之分，根据剂量大小又有大包酥和小包酥之别。

大包酥工艺。大包酥分为两种情况。一种是将水油面（或醅面）按成中间厚、边缘薄的圆形，取干油酥放在中间；将水油面边缘提起，捏严收口，擀成长方形薄片，折叠两次成三层，再擀薄；由一头卷紧成筒状，按剂量下出多个剂子。另一种情况是将水油面（或醅面）擀成片，将炸酥抹在水油面上，将抹过炸酥的面片从一头卷成筒状，再按剂量下出剂子。

这种先包酥（抹酥）后下剂子的开酥方法，一次可以制成几十个剂子。它的特点是速度快、效率高，适合于大批量生产。但是酥层不易均匀，为使酥层清晰均匀，常常去边角余料较多，造成较大浪费。

小包酥工艺。先将水油面与干油酥分别揪成剂子，用水油面包干油酥，收严剂口，经擀、卷、叠制成单个剂子。

这种先下剂子后开酥的方法，一次只能做出一个剂子或几个剂子。它的特点是速度较慢、效率较低，但成品比较精细，适合做高档宴会点心。

②叠酥工艺：叠酥适合于水油酥皮和擘酥皮。叠酥工艺方法大致有两种。

水油皮叠酥工艺。以水油面包干油酥，捏严收口，用走槌轻轻擀成长方形薄片，将两端折向中间，叠成三层；再用走槌开成长方形薄片后对叠，再次擀成长方形薄片。用刀修下四周毛边，切成 0.5 厘米宽、15 厘米长的条。在每根长条的表面刷上蛋液，依次将长条层层叠在一起成为一个长方块，将长方块翻转 90°，使每层刀切面朝上，再斜 90°角将长方块切成 0.5 厘米的薄片，用面杖将薄片顺直线纹擀成片。

擘麻皮叠酥工艺。黄油酥和蛋水面皮和好后，将其分别擀成长方片（厚约 0.7 厘米，蛋水面是黄油酥面积的 1/2 大小），放入平盘，盖上半湿的屉布，冷藏约 2 小时。以黄油酥夹蛋水面，用走槌开一个"三三四"即成。

**（二）层酥面坯酥层的种类**

不论是大包酥还是小包酥，其在酥层的表现上有明酥、暗酥、半暗酥之分，其中明酥的酥层在纹路上有直酥、圆酥之别。

（1）明酥。经过开酥制成的成品，酥层明显呈现在外的称为明酥。明酥按切刀法的不同可以分为直酥和圆酥。明酥的线条呈直线形的称为直酥，线条呈螺旋纹形的称为圆酥。

（2）暗酥。经过开酥制成的成品，酥层不呈现在外的称为暗酥。

（3）半暗酥。经开酥后制成的成品，酥层一部分呈现在外、另一部分酥层在内的，称为半暗酥。

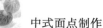

### （三）层酥面坯工艺要领

（1）水油面与干油酥的比例要适当。水油面过多，酥层不清，成品不酥；干油酥过多，成型困难，成品易散碎。

（2）水油面与干油酥的软硬要一致，否则易露酥或酥层不均。

（3）开酥时要保证面坯的四周薄厚均匀（叠酥时四角要开匀），开酥不宜太薄。

（4）根据品种要求不同，灵活掌握开酥方法。

（5）开酥时要尽量少用生粉，卷筒时要卷紧，否则酥层间不易粘连，成品易出现脱壳现象。

（6）切剂时刀刃要锋利，下刀要利落，避免层次粘连。

（7）下剂后，应在剂子上盖上一块干净的湿布，防止剂子表面风干结皮。

（8）酵面层酥不适宜使用小包酥方法，也不适宜开明酥。

## 四、米制品面坯

米制品面坯是指以稻米和水为主要原料，适当添加其他辅助原料制成的面点。它包括米类面坯、饭皮面坯和米粉面坯三类。

### （一）饭皮面坯

（1）饭皮面坯的概念。饭皮面坯特指用米和水混合蒸制成饭，再经搅拌、搓擦成为有黏性和一定韧性的饭坯。饭皮面坯使用的米以糯米为主，同时也可以掺适量的粳米、紫米、糯性小米等。

（2）饭皮面坯的特性。饭皮面坯有米本身特有的色泽，成品口感软糯、香甜，饭坯有黏性、可塑性和一定的韧性。如艾窝窝、芝麻凉卷、双色凉糕等。

（3）饭皮面坯工艺。

①将 500 克糯米洗净，与 450 克水混合一起倒入盆中，上蒸锅蒸熟。

②稍晾后，倒在一块洁净的屉布上，趁热隔布用手蘸凉水用力在案子上搓擦，直至饭粒互相粘连成为黏性很强的整体。

（4）饭皮面坯工艺要领。

①根据米的品种，调整适当的用水量。一般籼糯米用水量多，粳糯米用水量少。

②趁热搓擦，否则饭粒不易搓烂、易粘连。

③搓擦时，手应适当蘸些凉水，否则饭粒太黏不易操作且容易烫伤。

**（二）米类面坯**

（1）米类面坯的概念。米类面坯一般指用稻米与水经熟制而成的制品。其特征是成品中米的粒形清晰可见，根据地方特色添加其他辅料和调味料。米类面坯的代表品种是各类米饭和粥品。除常见的大米饭、大米粥外，还有豆饭、炒饭、八宝饭等，粥品有桂圆莲子粥、状元及第粥、皮蛋瘦肉粥等。另外，各地的点心小吃中，还常用米饭与肉、鸡等原料混做，如四川的珍珠圆子、广东的瑶柱糯米鸡、北京的小枣粽子、上海的糍粑等。

（2）米类面坯工艺。

①米饭工艺：将 500 克干净的大米（糯米、粳米或籼米）倒入盆（锅）中，根据米的品种加入 350~450 克水，上笼屉蒸熟或直接煮、焖成熟。

②粥品工艺：将 100 克大米（糯米、粳米或籼米）倒入锅中，根据米的品种加入 500~1 000 克水，先用大火将水烧开，再用小火将米煮烂。煮熟的粥既可以是白粥，也可在白粥中再

加入其他原料继续做成各种花式粥。

（3）米类面坯工艺要领。

①水要一次加足：不论是煮粥还是蒸饭，都应该根据米的品种一次将水加足，不能中途补水。特别是蒸饭，中间补水会使米粒夹生。

②掌握合适的火力：煮粥、焖饭需要适时掌握火力，一般为先用大火将水烧开，再改用小火将米煮熟或煮烂。如果始终用大火，水分会溢出锅体，使米粒吸水不足。

**（三）米粉面坯**

1. 米粉面坯的概念

米粉面坯特指用米粉与水混合制成的面坯。米粉面坯按原料分类，有籼米粉面坯、粳米粉面坯、糯米粉面坯和混合米粉（镶粉）面坯；按面坯的性质分类，有米糕类面坯、米粉类面坯和米浆类面坯。

2. 米粉面坯的掺粉方法

为了提高米粉制品的质量，将不同种类的米粉或将米粉与面粉掺和在一起，使其在软、硬、糯等性质上达到制品的质量要求。

（1）糯米粉与面粉掺和的方法。将糯米粉、粳米粉、面粉按一定的比例三合为一，用水调制成团。也可在磨粉前将各种米按成品要求以一定的比例调和，再磨制成粉与面粉混合。这种掺粉方法制成的成品不易变形，能增加筋力、韧性，有黏润感和软糯感。

（2）糯米粉与粳米粉掺和的方法。根据制品质量的要求，将糯米粉（占60%~80%）与粳米粉（占20%~40%）按一定比例混合（称为"镶粉"），加水调制而成。这种掺粉方法可根据制品的工艺要求配成"五五镶粉""四六镶粉"或"三七镶粉"。使用镶粉制成的成品有软糯、清润的特点。

（3）米粉与杂粮掺和的方法。米粉可与澄粉、豆粉、红薯粉、小米粉等直接掺和为一体，也可与土豆泥、胡萝卜泥、豌豆泥、山药泥、芋头泥等蔬果杂粮混合制成面坯。这种面坯制成的成品具有杂粮的天然色泽和香味，且口感软糯适口。

3. 米粉面坯工艺方法

米粉面坯工艺方法分为米糕类和米粉类工艺两种。

（1）米糕类工艺方法。米糕类面坯根据面坯性质又分为松质糕和黏质糕两种。

①松质糕工艺：松质糕又根据拌粉水的不同，分清水拌和糖浆拌两种。清水拌是用冷水与米粉拌和，拌成粉粒状（或糊浆状）后，再根据不同品种的要求选用目数不同的粉筛，将米粉（或糊浆）筛入（或倒入）各种模具中，蒸制成型。糖浆拌是用糖浆与米粉拌和，将粉坯拌匀、拌透后，蒸制成型。糖浆拌可用于制作特色糕点品种。

松质糕工艺注意事项：第一，要根据米粉的种类、粉质的粗细及各种米粉的配比，掌握适当的掺水量；第二，为使米粉均匀吸水，抄拌和掺水要同时进行；第三，拌好后要静置饧面。

②黏质糕工艺：黏质糕拌粉工艺与松质糕基本相同，但糕粉蒸熟后，需放入搅拌机内，加冷开水搅打均匀，再取出分块、搓条、下剂、制皮、包馅、成型。

米糕类品种制作时，检验其成熟与否的方法是：用筷子插入蒸过的粉坯中，拉出后观看有无黏糊，没有黏糊的即为成熟。

（2）米粉类工艺方法。米粉类面坯工艺分为生粉坯工艺和熟粉坯工艺两种。

①生粉坯工艺：基本工艺程序是先成型后成熟。其特点是

可包多卤的馅心，皮薄、馅多、黏糯，吃口润滑。生粉坯熟处理的方法有泡心法和煮芡法两种。

泡心法：将糯米粉、粳米粉互相掺和后倒入缸盆内，中间开成窝，冲入适量的沸水，将中间的米粉烫熟，再加适量的冷水将四周的干粉与熟粉一起反复揉和，直至软滑不粘手为止。泡心法工艺注意事项：沸水冲入在前、冷水掺入在后，不可颠倒。沸水的掺水量要准确，一次加够。如沸水过多，皮坯粘手，难于成型；沸水过少，成品易裂口而影响质量。泡心法适合于干磨粉和湿磨粉。

煮芡法：取 1/3 份的干粉，加冷水拌成粉团，投入沸水锅中煮熟成"芡"，将芡捞出后与其余的干粉揉搓至光洁、不粘手为止。煮芡法工艺注意事项：根据气候、粉质掌握正确的用"芡"量。天热粉质湿，用"芡"量可少；天冷粉质干，用"芡"量可多。用"芡"量少则成品易裂口，用"芡"量多则易粘手，影响工艺操作。煮"芡"一般应沸水下锅，且需轻轻搅动，使之漂浮于水面 3~5 分钟，否则易沉底粘锅。

②熟粉坯工艺：熟粉坯基本工艺程序是先成熟后成型，其方法与黏质糕基本相同。

4. 米粉面坯的特点

（1）米糕类面坯的特点。米糕类品种根据工艺又分为松质糕和黏质糕。松质糕具有多孔，无弹性、韧性，可塑性差，口感松软，成品大多有甜味的特性。如四色方糕、白米糕。而黏质糕具有黏、韧、软、糯，成品多为甜味的特性。如青团、桂花年糕、鸽蛋圆子。

（2）米粉类面坯的特点。有一定的韧性和可塑性，可包多卤的馅心，吃口润滑、黏糯。如家乡咸水饺、各式汤圆。

（3）米浆类面坯的特点。体积稍大，有细小的蜂窝，口感黏软适口。如定胜糕、百果年糕。

## 五、杂粮面坯

杂粮面坯是指以稻米、小麦以外的粮食作物为主要原料，添加其他辅助原料后调制的面坯。如玉米面坯、高粱面坯、莜麦面坯、荞麦面坯、青稞面坯、黄米面坯等。中式面点工艺中杂粮制品大多具有明显的地方风味。如晋式面点的莜面栲栳栳、京式面点的小窝头、秦式面点的荞麦鱼鱼等。

### （一）莜麦面坯

莜麦面与沸水调制的面坯称为莜麦面坯。莜麦面品种的熟制可蒸、可煮，成品一般具有爽滑、筋道的特点。食用莜麦面面时，讲究冬蘸羊肉卤、夏调盐菜汤（素卤）。莜麦面还可用作糕点的辅料。

（1）莜麦面坯基本工艺。将莜麦面倒入盆内，用沸水冲入面盆中，边冲边用面杖将其搅和均匀成团，再放在案子上搓擦成光滑滋润的面坯。烫熟的莜麦面坯，有一定的可塑性和黏性，但韧性和延伸性差。莜麦面可做莜面卷、莜面猫耳朵、莜面鱼等。

（2）莜麦面坯工艺要领。莜麦加工必须经过"三熟"，否则成品不易消化，易引起腹痛或腹泻。

①炒熟：在加工莜麦面粉时，需先把莜麦用清水淘洗干净，晾干水分后再下锅煸炒，炒至两成熟出锅。

②烫熟：和面时，将莜麦面置于盆内，一边加入开水一边搅拌，用手将其揉搋均匀，再根据需要成型。

③蒸熟：将成型的莜面生坯置于蒸笼内蒸熟，以能够闻到莜面香味为准。

### （二）玉米面坯

玉米粒破碎称为棒渣。棒渣有大小之分，棒渣加水后可煮粥、焖饭。

玉米粒磨成粉称为玉米面、棒子面。玉米面与水调制的面坯称为玉米面坯。玉米面有粗细之别，其粉质不论粗细，性质随玉米品种不同而有所差异。多数玉米面韧性差，松散而发硬，不易吸潮变软。糯性玉米面有一定的黏性和韧性，质地较软，吸水较慢，和面时需用力揉搓。

玉米面坯工艺要领。

（1）分次加水。玉米面吸水较多且较慢，和面时，水应分次加入面中，且留有足够的饧面时间。

（2）增加馅心黏稠性。普通玉米面没有韧性和延伸性，因而在制作带馅的玉米面品种时，应该尽可能增加馅心的黏稠性，使成品更抱团、不散碎。

（3）适时使用小苏打。用棒子渣煮粥焖饭或用玉米面制作面食时，可以适当使用小苏打，以提高人体对烟酸的吸收率，并增加黏稠度。

### （三）黄米面坯

谷子又称小米，呈金黄色小颗粒状，其糯性品种又称为黄米，黄米磨成粉称为黄米面。小米浸泡后，加适量水可蒸小米饭、煮小米粥，或与大米掺和做二米饭、二米粥。

（1）黄米面坯的概念。黄米面与冷水调制成坯，再经蒸制成熟的面坯称为黄米面坯。黄米面坯色黄、质感细腻、黏性大，有一定的韧性，可进一步加工成高档宴会点心。

（2）黄米面坯基本工艺。黄米面倒入盆中，冷水分几次倒入盆内与面调制成湿块状，将面块平铺在有屉布的笼屉内，上笼屉蒸熟。蒸熟的黄米面既可直接蘸糖食用，也可作为面坯包上馅心经油炸制成成品。黄米面可做黄米面年糕、黄米面油糕等品种。

（3）黄米面坯工艺要领。

①黄米面应保持干燥、新鲜，受潮发霉的黄米面制成品有苦味。

②蒸制成熟的黄米面坯在包馅炸制之前，应隔着屉布将面坯反复揉滋润。

### （四）薯类面坯

（1）薯类面坯的概念。薯类面坯是以含淀粉较多的薯类为原料，掺入适当的淀粉类物质和其他辅料制成的面坯。薯类面坯无弹性、韧性、延伸性，虽可塑性强，但流散性大。薯类面坯制作的点心，成品松软香嫩，具有薯类原料特殊的味道。

（2）薯类面坯基本工艺。将薯类去皮、蒸熟、压烂、去筋，趁热加入添加料（米粉、澄粉、糖、油等），揉搓均匀即成。制作点心时，一般以手按皮或捏皮，包入馅心，成熟时或蒸或炸。炸制前，先包裹蛋液再滚蘸面包糠或椰蓉为好。常见品种有山药桃、象生梨、紫薯水饺、甜卷果等。

（3）薯类面坯工艺要领。

①蒸制薯类原料时间不宜过长，蒸熟即可，以防止吸水过多使薯蓉太稀，难以操作。

②糖和米粉需趁热掺入薯蓉中，随后加入油脂，擦匀折叠即可。

### （五）高粱面坯

高粱呈颗粒状，所以又被称为高粱米，高粱米磨成粉即为高粱面。高粱面色泽发红，因而又被称为红面。高粱面韧性较差，松散且发硬，做面食时一般与面粉混合使用。

（1）高粱面坯基本工艺。高粱米浸泡在凉水中30分钟，将水倒掉，再加水焖饭、煮粥即可。

高粱面一般与面粉按比例混合倒入盆内，用温水分几次倒入盆中，将面和成面坯，揉匀揉光滑，盖上一块湿布，静置10分钟。高粱面坯可做红面窝窝、红面擦尖、驴打滚、红面剔尖和高粱面饼等。

（2）高粱面坯工艺要领。由于高粱米（特别是表皮）中含有一种酸性的涩味物质——单宁，所以高粱米、高粱面制品常常口感发涩。去除涩味的方法有物理法和化学法两种。

①物理去除法：将高粱米浸泡在热水中，可溶解部分单宁，倒掉水后涩味脱出。所以用高粱米焖饭、煮粥，一定要先用热水浸泡。

②化学去除法：在高粱面中加入小苏打，酸碱中和后可去除涩味。所以做高粱面制品时，一般需要放小苏打。

**（六）荞麦面坯**

（1）荞麦面坯的概念。荞麦面坯是以荞麦面（多为甜荞或苦荞）为原料，掺入辅助原料制成的面坯。由于荞麦面无弹性、韧性、延伸性，一般要配合面粉一起使用。荞麦面坯制作的点心，成品色泽较暗，具有荞麦特有的味道。

（2）荞麦面坯基本工艺。将荞麦面与面粉混合，与其他辅助原料（水、糖、油、蛋、乳等）和成面坯即可。制作面食时，需要注意矫色、矫味。品种有苦荞饼等。

（3）荞麦面坯工艺要领。

①根据产品特点适当添加可可粉、吉士粉等增香原料，有利于改善产品颜色，增加香气。

②荞麦面粉几乎不含面筋蛋白质，凡制作生化膨松面坯，需要与面粉配合使用。面粉与荞麦面的比例以 7∶3 为最佳。

### （七）豆类面坯

（1）豆类面坯的概念。豆类面坯是指以各种豆类为主要原料，适当掺入油、糖等辅料，经过煮制、碾轧、过箩、澄沙等工艺制成的面坯。此类面坯既无弹性、韧性，也无延伸性，虽有一定的可塑性但流散性极大。许多豆类面坯的点心品种，都需要借助琼脂定型。

（2）豆类面坯基本工艺。将豆类拣去杂质，加水蒸烂或煮烂，过箩、去皮、澄沙（去掉水分），加入添加料（如油、糖、琼脂等），再根据品种的不同需要进行熟制、成型。

（3）豆类面坯工艺要领。

①煮豆水要一次加足，万一中途需要加水，也一定要加热水，否则豆不易煮烂。

②豆必须完全煮烂，有小硬粒会影响成品质量。

③熟豆过箩时，可适当加少量水。水不可加多，否则面坯太软且粘手，影响成型工艺。

## 六、其他面坯

### （一）果蔬面坯

（1）果蔬面坯的概念。果蔬面坯是指以含淀粉较多的根茎类蔬菜和水果为主要原料，掺入适当的淀粉类物质和其他辅料，经特殊加工制成的面坯。主要原料有胡萝卜、豌豆、南瓜、莲子、栗子、荸荠等。果蔬面坯制作的点心都具有主要原料本身特有的滋味和天然色泽，一般凉点爽脆、甜糯，咸点松软、鲜香、味浓。常见品种有栗子糕、黄桂柿子饼、南瓜发糕、胡萝卜甜点、山楂凉糕、红豆糕等。

（2）果蔬面坯基本工艺。将原料去皮煮熟，压烂成泥，过箩，加入糯米粉或生粉、澄粉（下料标准因原料、点心品种不同而异）和匀，再加猪油和其他调味原料，咸点可加盐、味精、胡椒粉，甜点可加糖、桂花酱、可可粉。将所有原料混合后，有些需要蒸熟，有些需要烫熟，还有些可直接调成面坯。

（3）果蔬面坯工艺要领。

①由于果蔬类原料本身含水量有差异，因而面坯掺粉的比例必须根据果蔬原料的具体情况酌情掌握。

②果蔬类原料压烂成泥掺粉前，一定要过箩，以保证面坯细腻光滑。

**（二）澄粉面坯**

澄粉面坯是澄粉加沸水调和制成的面坯。面坯色泽洁白，呈半透明状，口感细腻嫩滑，无弹性、韧性、延伸性，有可塑性。澄粉面坯制作的成品，一般具有晶莹剔透、细腻柔软、口感嫩滑、蒸制品爽、炸制品脆的特点。品种有韭菜鸡蛋饺等。

1. 澄粉面坯基本工艺

澄粉面坯的基本工艺过程是按比例将澄粉倒入沸水锅中烫熟，用面杖搅匀，放在抹过油的案子上，揉搓成光滑、细腻的面坯。

各地面点师还常根据点心品种的不同要求，在面坯中加入适量的生粉（澄粉：生粉 = 1∶0.3）、猪油（澄粉∶油 = 1∶0.05）、吉士粉，咸点心加盐、味精，甜点加糖等。制作点心时，一般以刀压皮、包馅蒸制，以手捏皮、包馅炸制。

2. 澄粉面坯工艺要领

（1）调制澄粉面坯要烫熟，否则面坯难以操作，蒸后成品不爽口，会出现黏牙现象。

（2）面坯揉搓光滑后，需趁热盖上半潮湿、洁净的白布（或在面坯的表面刷上一层油），保持水分，以免风干结皮。

### （三）糖浆面坯

糖浆面坯也称浆皮面坯，它是由糖浆或饴糖与面粉调制而成。这种面坯既有适度的弹性、良好的可塑性，又有一定的抗衰老能力，较一般制品货架期长。糖浆面坯可以制作一些有特色的点心，如广式月饼、糖耳朵、松子枣泥饼等。

1. 糖浆面坯基本工艺

将蔗糖先熬成糖浆。面粉放在案子上开成窝形，将糖浆、油脂、枧水和其他配料倒入面窝中，将其搅拌成乳白色的乳浊液，再拨入面粉调制成坯。由于糖浆的密度和黏度大，反水化能力增强，使蛋白质适度吸水而形成部分面筋，所以面坯组织细腻，柔软、可塑性好、不浸油。

2. 糖浆的制法

（1）将蔗糖和水按比例倒入不锈钢锅（或铜锅、气锅）内，以低温加热，同时轻轻地搅拌使其溶解。

（2）完全溶解后，立即升温，使其沸腾。此时，可除去表面渣滓、泡沫，但绝不能搅拌。

（3）当温度升至104.8℃时（沸点），加入抗结晶原料（如柠檬酸、饴糖、蜂蜜等）。

（4）降低温度，继续加热至温度达到108℃左右即成（此时糖液浓度为77.2%）。

3. 糖浆面坯工艺要领

（1）糖浆必须提前备好，冷却后待用，以防止面坯黏合上劲（糖浆存放半月以上较好用）。

（2）糖浆与油脂要充分搅拌、完全乳化，否则面坯的弹性、韧性不均匀，外观粗糙，结构松散，甚至走油、上劲。

（3）面坯的软硬度依糖浆的多少调节，工艺中不另外加水。

（4）面坯调好后放置时间不宜过长，否则韧性增强、可塑性减弱。

（5）有些糖浆面坯只用糖浆和面，不另外加油或其他配料。

# 第二节　中式面点常用原料

我国用以制作面点的原料品种繁多，加工各种原料的方法也甚多，因而色、香、味、形俱佳的各种面点也非常多。面点常用原料可分为主要原料（坯皮原料）、制馅原料、调味原料和辅助原料。

## 一、选用面点原料的基本原则

### （一）掌握各种原料的性质和用途

首先要懂得原料的性质和用途，然后才能利用好各种原料特点，因材施用，避免浪费，提高产品质量。例如，人们根据不同质量的面粉，制作不同品种的面点，用特制粉制作精细糕点，用普通粉制作一般点心。

### （二）正确进行选料和配料

选料和配料对成品的色、香、味、形影响很大，处理得当才能制作出好的食品。选料一定要选用新鲜的原料，使用已变质原料制成的食品，不仅色、香、味会差，而且会危害人们的健康。之后还要进行合理调配，才能集诸原料之长，避其所短。

### （三）对原料的加工方法要准确掌握

由于制作面点所用的原料，大部分是已经过加工好的净料。由于各种原料其加工方法各异，加工所得到的净料就不同，用法也就不同。因此，只有熟悉各种原料的加工方法，进而合理运用原料，才能制作出比较精美的面点来。

**（四）熟悉相关辅助原料的性能和使用方法**

往往在制作面点时，除使用各种主料、副料及调味料以外，还经常需要使用各种辅助原料，如酵母、各种化学膨松剂、香精、天然色素等以提高面点的质量。这些辅助原料，都具有各自特殊的性质和功能，如增加体积，改善色、香、味等，使用时必须熟悉它们的性质和使用方法，才不至于在制作过程中出现问题。

## 二、面点制作主要原料种类

主要原料，即用于作为面点坯料的原料。我国面点制品以包馅的居多，包馅就必须有外皮。用作外皮的原料，首先要有一定的韧性，这样包馅后才不致破裂；其次，要具有一定的延伸性和可塑性，这样才能把它擀成薄片，便于包馅。主要原料主要是指麦类、米类、杂粮类。

### （一）麦类

麦类包括大麦、小麦、青稞麦、荞麦、燕麦等几种，其中小麦最为常用。

1. 种类

小麦的种类较多，性质各异。按质地可分硬麦和软麦，硬麦也称玻璃质小麦，其特点是乳胚坚硬，把麦粒切开后，内部呈半透明，这种小麦含蛋白质较多，能磨制成高级面粉，制作精细点心；软麦也称黏质小麦，把麦粒切开后，出现粉状，性质松软，含淀粉量较多，其质地不如硬麦，适于制作发酵制品。按颜色可分为白麦和红麦，其中以白麦的质量为佳。按季节可分为冬麦、春麦，冬麦含面筋较多，春麦含面筋较少。

2. 营养成分

小麦磨制的面粉中富含蛋白质、糖类、脂肪、纤维素、灰分（矿物质）、水分、麸皮、维生素、酶（淀粉水解酶、蛋白质分解酶）等。

（1）糖类。面粉中的糖类含量最多，包括淀粉（在淀粉酶的作用下可水解出糖）、葡萄糖、麦芽糖、蔗糖等，其中淀粉占绝大部分。糖类的主要作用是在面团形成过程中进行弥补空洞，另外是为酵母提供养料促进其发酵。

（2）蛋白质。面粉中的蛋白质种类较多，主要是麦胶蛋白和麦麸蛋白，占总蛋白的70%以上，是构成面筋的主要成分。它们不溶于水，但遇水后膨胀为灰白色、无味，具有黏性、延伸性的面筋。面筋在面点制作中有特殊的作用。

（3）纤维素　面粉中的纤维素主要含在麸皮中，纤维素含量多，会使制品颜色发黄，且吃起来发涩；而相反，则会使制品颜色显白，且吃起来感觉爽滑。

**（二）米类**

米类包括糯米、粳米、籼米等，它们都可做成干饭或稀饭，又可磨成米粉使用。大米所含的蛋白质比小麦少，且大米所含的蛋白质主要是谷蛋白和谷胶蛋白，这两种蛋白质是不能形成面筋的，其淀粉和脂肪等成分与小麦基本相同。

1 糯米

糯米也叫江米，色泽乳白、不透明、硬度低、黏性大、涨发性小。糯米蒸熟后有透明感，用途广泛，可用于做八宝饭、圆子、粽子，也可磨成粉和其他粉掺和使用。

2. 粳米

粳米的米粒呈椭圆形，色泽蜡白、半透明、硬度高，黏性低于糯米，涨发性大于糯米，一般多用于制作米饭，但江西、湖北、上海、天津等地产的粳米，富有香味，也可制作糕点，如水磨年糕、黄松糕等，吃起来口感爽滑，别有风味。

3. 籼米

籼米的米粒形状细长、色泽灰白、硬度大、黏性低于粳米，涨发性大于粳米，一般多用于做米饭。也可用磨成的粉制作米线（云南名小吃）、米面皮子、水晶糕点等。

**（三）杂粮类**

（1）玉米。玉米又称苞谷、棒子。我国栽培面积较广，主要产于四川、河北、吉林、黑龙江、山东等省，是我国主要的杂粮之一，为高产作物。

玉米的种类较多，按其籽粒的特征和胚乳的性质，可分为硬粒型、马齿型、粉型、甜型、糯型，按颜色可分为紫色、黄色、黑色、白色和杂色玉米。东北地区多种植质量最好的硬粒型玉米，华北地区多种植适于磨粉的马齿型玉米。

玉米的胚特别大，约占籽粒总体积的30%，它既可磨粉又可制米，没有等级之分，只有粗细之别。粉可做粥、窝头、发糕、菜团、饺子等，米（玉米渣）可煮粥、焖饭。

（2）高粱。高粱又称木稷、蜀黍，主要产区是东北的吉林省和辽宁省，山东、河北、河南等省也有栽培，是我国主要杂粮之一。

高粱米粒呈卵圆形微扁，按品质可分为有黏性（糯高粱）和无黏性两种，按粒色可分为红色和白色两种。红色高粱呈褐红色，白色高粱呈粉红色，它们均坚实耐煮。按用途可分为粮用、糖用和帚用三种，粮用高粱米可做饭、煮粥，还可磨成粉做糕团、饼等食品。

高粱的皮层中含有一种特殊的成分——单宁。单宁有涩味，能与蛋白质和消化酶形成难溶于水的复合物，影响食物的消化吸收。高粱米加工精度高时，可以消除丹宁的不良影响，同时提高蛋白质的消化吸收率。

（3）小米。谷子去皮后为小米，又称黄米、粟米，主要分布于我国黄河流域及其以北地区。小米一般分为糯性小米和粳性小米两类，通常红色、灰色者为糯性小米，白色、黄色、橘红色者为粳性小米。一般浅色谷粒皮薄，出米率高，米质好；深色谷粒壳厚，出米率低，米质差。

（4）黑米。黑米属稻类中的一种特质米。籼稻、糯稻均有黑色种。黑籼米又称黑籼，它也分籼性、粳性两类。黑米又称紫米、墨米、血糯等。

（5）荞麦。古称乌麦、花荞。荞麦籽粒呈三角形，以籽粒供食用。荞麦主产区分布在西北、东北、华北、西南一带的高寒地区。荞麦生长期短，适宜在气候寒冷或土壤贫瘠的地方栽培。

### 三、制馅原料的种类

制馅原料是面点制作原料的重要组成部分，即调制面点馅心的原料。我国面点的制馅原料极为丰富，有肉品类、蔬菜类、水产类、果品类和蜜饯制品等。馅心按口味不同可分为咸馅、甜馅、甜咸馅，按原料可分为荤馅和素馅两大类。不同的馅心所用的原料不同，如荤馅是用动物性原料制成的，一般咸的居多，素馅是用植物性原料制成的。按制作法可分为生馅和熟馅两大类。

#### （一）荤馅原料

肉类：一般家畜、家禽的肉均可用于制馅，猪肉、牛肉、羊肉一般使用较多。

水产品：一般多用于制三鲜馅，凡新鲜的水产品，如鱼、虾、蟹、贝、海参等都可用来制馅。选用虾时，应选色白、有弹性的鲜虾；选用鱼时，应选条大、刺少、肉厚的鲤鱼、大马哈鱼、草鱼等；选用蟹肉时，一般用新鲜的海蟹、河蟹；海参、干贝也应选用质量较好的。

**（二）素馅原料**

干果类：用干果制作馅心具有特殊的风味，既可丰富馅心内容，又可增加馅心的味道。常用于制馅的干果类原料有红枣、核桃、芝麻、花生仁、瓜子仁、桂圆、荔枝、杏仁、桃仁等。这些原料营养丰富且具有天然的浓郁香味。选用干果时，应以肉厚、体干、质净、有光泽者为佳。

水果与蜜饯类：常用的新鲜水果有桃、橘子、苹果、菠萝、李子、杨梅等。这些原料除了可以用作点心的配料和制馅外，又可直接制作食品，如什锦果冻、水果羹等。蜜饯是用浓度较高的糖渍或蜜汁浸透果肉加工而成的。它分为带汁和干制两种，带汁的鲜嫩适口，干制的保管运输及应用较为方便。常用的蜜饯果品有蜜枣、苹果脯、梨脯、桃脯、橘饼、冬瓜条、葡萄干、青梅、青红丝等。这类原料，具有各种色泽和不同形状，除能增加馅心的香甜味以外，还可在制品表面镶成各种花卉图案。

豆类：豆类常用于制作泥蓉馅，如赤豆、绿豆、豌豆等。赤豆以色红、豆沙多的为佳，绿豆以粒大饱满的为佳。

鲜花：鲜花味香料美，用鲜花制作馅心，可提高制品的香味，增加制品的色泽。常用的鲜花有玫瑰花、桂花、茉莉花、白兰花等几种。

**（三）荤、素馅皆可的原料**

蛋品：蛋品种类较多，大体可分为鲜蛋、冰蛋、蛋粉和加工蛋（咸蛋、松花蛋等）。用蛋品作馅，不但能增加营养，而且可以增加制品的色泽和香味。

蔬菜：蔬菜种类甚多，制馅时应因地因时制宜，如冬季的大白菜、萝卜、芹菜，春季的韭菜，夏季的冬瓜等。有些蔬菜也可做素馅、甜馅的原料，但一般适用于与肉类、水产品配合作荤馅、咸馅，起充实馅心、改变油腻味、增加营养的作用。

食用胶类：用于面点制作的胶类有冻粉、明胶等。冻粉是从石花菜等多种海藻类植物中提取的，也叫琼脂、洋菜。它分为条状和粉状两种。冻粉在冷水中不溶解但膨胀，在沸水中易分散、溶解，冷却时变成凝胶状，它的黏性大、凝固性强，使用要适量以 1% 为佳。明胶是由动物体中含有胶原蛋白的皮、骨、软骨、韧带等结缔组织加工而成，常用的主要有猪皮、猪蹄、鸡、鸭冻等。

# 第三节　中式面点基本技术动作

## 一、如何和面

和面，就是将各种粮食的粉料与水、油或其他配料掺合在一起，使粉料互相粘连成为一个整体的团块（包括稀软团块和面糊），即"面团"。粉料成分不同，掺入的水、油等原料的量不同，调制的方法不同，面团的种类也不同。常见的面团有水调面团、膨松面团、油酥面团、蛋和面团等。

**（一）和面的要领**

（1）掌握正确的和面姿势。和面时两脚站成八字步前后分开，而且要站立端正，不可左右倾斜，上身可稍向前倾。和面动作要迅速、利落，从而可使面粉颗粒吸水均匀。

（2）加水量要控制适当。加水量多少要根据制品的要求，以及面粉本身的干湿程度、气候的冷暖、空气的干湿程度来确定。在加水时，必须分次加入，使面粉颗粒吸水充分，以免倒下的水外溢。一般加水可分三次：第一次加入总水量的 70% 左右，第二次加入总水量的 20% 左右，第三次根据具体情况而定。面和好之后应做到：手光、面光、案（缸）光。

（3）掌握加水量。要根据不同面点品种质量标准，准确掌握不同类型面团的加水量。

**（二）和面的手法**

（1）抄拌法。最为常用。是将面粉放入缸或盆中，在面粉中间挖一小坑加入水，双手伸入缸内，由外向内，反复抄拌。

（2）调和法。把面粉放在案板上，围成中间凹下四边厚的圆形，将水倒入中间，双手五指张开，由里到外，逐步调和。

（3）搅和法。在盆内和面，一手浇水，一手拿面杖不断搅和，边浇边搅，把面粉搅成团，此法一般用于和烫面以及蛋糊面。

## 二、揉面的操作技巧

揉面的操作技巧，常用的有捣、揉、摴、摔和擦等。

**（一）捣**

在和面后，双手握紧拳头进行捣，在面团各处进行捣压且力量越大越好，可用于制作扯面、油条面等。

**（二）揉**

揉面的手法主要有两种：一种是用双手的掌根压住面团，用力向外推，经过卷叠多次而成，用于揉较大块的面团；另一种是一手拿住面团的一头，一手用掌根将面团压住向外推开，再卷拢，反复多次而成，用于揉较小面团。揉面的姿势与和面相同。

**（三）摴**

摴面与捣面基本相似，但摴面时双手要交叉在面团上摴压，且在搋面时还要向面团内加些水。

### （四）摔

摔面的手法有两种：一种是用手拿住面团两头，举起来，手不离面，在面案上摔打均匀；另一种是用一只手拿起面糊，脱手摔在盆内，这样反复多次，直到摔匀为止，主要用于摔稀软面团。

### （五）擦

擦面是用手掌根部把面团一层一层地向前推擦，擦一遍后，再和拢起来，直至擦匀擦透为止，用于把油与面和好。

## 三、如何搓条

搓条，是先将一块面团拉成长条，然后用两手按在条上，来回推搓，使条向两侧延伸，变成粗细均匀、截面为圆形的长条。搓出的条应圆滑、粗细均匀。

## 四、下剂的几种方法

将调制好的整块面团或搓好的条形面分割成适当大小的坯皮，即下剂。下剂是面点制作中的一个关键环节，一定要均匀、合适，才能使成型整齐。下剂的方法主要有以下几种。

### （一）挖剂

挖剂，又称铲剂，适用于较粗的剂。具体手法是：用一手的虎口拿住剂条，露出所需大小的剂头，另一手的四指弯曲，从剂条下面伸入，顺势向上一挖即可。然后按剂条的手顺势向后移动，再露出一个与前次大小相等的剂头，进而用另一手再挖。如此反复即可。

### （二）揪剂

揪剂是下剂的主要操作方法，适用范围最广。其手法是：

一手握住剂条，注意不要过紧，在大拇指和食指之间，露出相当坯子大小的剂头，再用另一手的拇指和食指捏住，顺势向下一揪即可，每揪下一个剂，要趁势将剂条翻转一下，再露出新剂头，再揪，如此重复即可。

**（三）切剂**

切剂，主要用于卷制的剂条。其手法是：用刀将剂条或面团切成适当大小的剂子。

**（四）拉剂**

适用于较柔软的面团。具体做法是：一手按住剂条，用另一手拉下剂子即可。

## 五、制皮的方法

制皮，即将下好的剂子制成皮子，以便包馅和进一步成型。制皮的方法主要有以下几种。

**（一）按皮**

将下好的剂子立放在案板上，用手掌跟部按成中间厚、边薄的圆形皮，此法适用于较大、较软的坯料。

**（二）捏皮**

把剂子先按扁，再用双手手指捏成圆窝形包馅。捏皮适用于米粉面团制作汤团之类的品种。

**（三）摊皮**

把面粉调制成较软面团或糊状，在平锅或高沿锅中加热，火候要适当，要拿着面团不停抖动，顺势摊成圆形皮。主要用于制春卷皮。

**（四）擀皮**

擀皮，最为普通，方法很多。常见的水饺皮，包括蒸饺皮、汤包皮等，是用小擀面杖擀制成的，分单杖和双杖两种，用单杖擀制的质量较好。烧麦皮用特殊的擀面杖制皮，要求将皮子擀成荷叶边，即皮边有皱纹、中间略厚的圆形。馄饨皮是用大面杖擀制的，所用的面团较大，也就需要较长面杖，要求把面团擀成长方形的薄皮片。

## 六、上馅的方法

上馅，是指采用各种不同方法在制成的坯皮中间放上已制好的馅心，也叫打馅、包馅、塌馅，是制作有馅品种的一道不可缺少的工序。上馅要合适，否则会影响制品的成型。上馅的方法有以下几种。

### （一）包上法

这种上馅法是最常见的。一般是将馅心放在皮的中间，然后采取各种成型方法将馅心包在其中。包上法可分为：提边类，如水饺；提褶类，如小笼包子；卷边类，如酥合；混合类，如馄饨。

### （二）夹上法

夹上法是铺一层面料、上一层馅，上馅要均匀而平，可以夹上多层。对稀糊面制品，则要先蒸熟一层再上馅，如三色蛋糕等。也有先把制品蒸熟，然后再夹馅心的，如夹心糕点。

### （三）拢上法

常用于各式烧麦等，要将较多的馅心放在皮子中间，上好馅后轻轻将皮拢起提紧，不封口。

### （四）滚沾法

这是做元宵、藕粉圆子的上馅法，上馅时把馅料压实切成块，再蘸上水，然后放入干粉中用簸箕摇晃，裹上干粉即可。

**（五）卷上法**

卷上法是先把面剂擀成片，全部抹上馅（一般是软馅或细碎丁馅），然后卷成筒形，再做成制品，成熟后切块，露出馅心，如卷糕、豆沙花卷等。

以上介绍了面点制作的基本操作技术，要熟练掌握，以便为制作面点打下良好的技术基础。

## 七、制馅

制馅是将食品原料经制碎、调味的工艺过程。馅是多数面食制品的重要组成部分，行业里习惯将制馅的成品称为馅心。馅心在面点工艺中具有体现面点口味、影响面点形态、形成面点特色和使面点花色品种多样化的特点。

中式面点的馅心品种繁多，类别复杂，按其口味和成熟与否，一般将其分为生咸馅、熟咸馅、生甜馅和熟甜馅四种。馅心的调制方法将在以后章节专门阐述。

## 八、成型

### 1. 手工成型

（1）抻。抻是将面拉扯成长条或薄片的成型工艺。我国中西部地区制作面条的一种独有技术——拉面，使用的就是抻的成型方法。抻不仅适用于水调面坯，同时也适用于嫩酵面，因此，抻除了可做出圆、空心、韭菜扁、宽带子、三棱等各式面条外，还可做清油饼、一窝丝、龙须面、闻喜饼，以及用嫩酵面制作银丝卷、盘丝饼、鸡丝卷等多种多样的特色品种。抻又分为双手对称的抻拉和单手抻拉两种方法。

双手抻是指面坯成型时双手同时抻拉面剂（面条），使面剂（面条）两端同时延伸延长。双手抻要保持两手用力一致，抻拉速度一致，运行轨迹对称，使面坯内的面筋有规律地、均匀地向两端同时纵向延伸。

单手抻是指面坯成型时单手抻拉面剂（面条），使面剂（面条）沿一个方向延伸延长。单手抻时双手做不对称运动，因此不仅要注意双手的配合，还要控制抻面的速度与力度。

（2）切。切是用刀将面坯分割成规定形状的成型工艺。切常与擀、卷、叠、压、揉、搓等成型手法连用，如面条、馒头、花卷、油条、排叉等。切也常用于面点成熟后的改刀成型，如蛋糕、发糕、凉点（糕、冻）等。

面点制作过程中采用切的方法成型，要注意以下几点：第一，要选择锋利的刀具，以保证刀口利落；第二，切时下刀间距要均匀，保证成型规格一致；第三，根据刀具大小及成型特征，灵活运用刀法；第四，切剂子时一般从左向右切割。

（3）削。削是用特制的弯刃钢片刀在整好形的面坯上直接削出两头尖、中间宽、呈三棱形面条的工艺。刀削面是我国北方四大面食之一。削面的注意事项是：第一，面坯吃水较少，500克面粉用水150~175克，面坯要多揉多饧，饧透揉透；第二，削面下刀时要掌握好下刀的位置和刀与面的角度，第一刀应在面坯的中上部偏一侧开刀，第二刀要在第一刀的刀口处、棱线前削出，同时托面的手要相应转动，随机配合；第三，刀与面的夹角不能大于45°，以防面条厚薄不均；第四，每一次回刀要擦着面坯返回，以免偏离轨迹。

（4）拨。特指山西的刀拨面工艺。双手握住特制的双把刀，将叠摞的面片切拨成长短一致、粗细均匀的面条。拨的工艺要点是：第一，面坯要和硬，为使面坯劲足，可适当加盐，和面要分次加水，揉匀饧透；第二，面坯擀制要薄厚均匀，宜擀成长条片，以便于叠摞；第三，面片叠摞的长度依拨面刀的大小而定，面片之间要扑撒淀粉，以免切拨出的面条粘连；第四，切拨时要掌握好下刀的角度、节奏，做到准确、利落，切出的面条粗细、长短、形状一致。

（5）剔。剔是用竹批或筷子借助深盘（或大碗）边沿，将稀软浆状面坯分割成两头尖、中间鼓的面鱼儿的工艺。此成型方法山西称为转盘剔尖，因剔出的面条 10 厘米长，中间圆、两头尖，落入锅中漂在水面形似一条条游动的小鱼，故北京叫剔鱼面。剔的工艺要点是：第一，面坯要和软，其吃水量接近于削面的两倍，多用调搅法边加水边高速搅动，使面粉最大限度地吸水，充分形成面筋；第二，和面的水温随季节调整，冬季一般也不超过 40℃，调好的面坯需饧一段时间；第三，下锅时将面放在深圆盘内，对准煮锅倾斜，用三棱形竹批或筷子紧贴面坯表面，顺盘沿向外分割快流出的面浆；第四，剔面时筷子要经常蘸水，以免面粘筷子剔不爽利。

（6）摊。摊是将稀软面糊倒在烧热的饼铛（或磬）上，利用面糊的自然流散性能将其煎烙成薄饼的工艺。如西葫芦塌子、荞面粑粑、香甜玉米饼等民间面食。摊的方法可分为旋摊、刮摊、流摊和抓摊四种。

①旋摊：将糊浆倒入擦过油的热锅内，迅速旋转锅，使糊浆流动形成薄厚均匀的圆形薄饼（皮），待变色、边沿翘起成熟后取出。如鸡蛋饼、葫芦丝饼、锅饼皮、蛋烘糕等。

②刮摊：将调好的糊浆倒入擦过油并烧热的平锅内，迅速用刮板刮薄、刮圆、刮平整，待变色成熟后揭起。如各种煎饼、三鲜豆皮等。

③流摊：将调好的面糊舀入特制的多头凸起的鏊子上，使面糊受热的同时自动流下而形成规格一致的煎饼。如米面摊黄、烙糕子等。

④抓摊：特指春卷皮的手工制作。将稀软有筋力的面坯抓在手中，在烧热的饼铛上划抹一圈，使面坯在铛面上粘一层薄皮，待边缘翘起时，揭下即可。

（7）擀。擀是用面杖工具将面坯擀成成品所需形状。定型之擀通常是指家常饼、脂油饼、三杖饼、薄饼等，以及带馅的肉饼、各种酥皮饼类等。成型之擀技术要求较高，不仅要擀得大小一致、薄厚均匀，还要符合制品的成型要求，圆要擀周正，方要有棱有角。带馅的品种在擀时不仅不能露馅，而且不能擀偏，要求饼的上下及周边各部位的皮薄厚一致，馅心分布均匀。这就需要在擀饼时手腕灵活并有分寸感，用力要适当，上下左右推拉一致。

（8）叠。叠是在面片的上面再加上一层，使面片层层重叠成为一摞的成型工艺。叠常与擀相结合，主要用于酵面制品和酥皮制品的成型或起层。在操作中，无论是小剂的成型叠还是大块的起层叠，都需掌握以下要领：第一，擀片时要薄厚一致、光滑平整，并要根据制品的要求掌握好大小尺寸；第二，抹油要掌握用量，不可过多也不可不足，而且要抹匀；第三，折叠时要注意边线对齐。

酵面制品在制作中采用叠的方法有两种类型，一种是用叠的方法制成小型的花卷类，如荷叶卷、猪蹄卷等；另一种是用较大块的面经擀叠加工成较大的饼或糕，成熟后再改刀成规格的块形，如千层饼、千层糕等。

酥皮制品中有相当一部分在开酥起层时用叠的方法，如兰花酥、风车酥、梅花酥等，且多采用大包酥，在制作时用走槌推擀，用力均匀推擀平整，使酥面分布均匀，经几次折叠后，制成的酥层清晰利落，张张分明挺括。

（9）按。按是用手指或手掌跟压面的成型工艺，也可称为压。除了用于制皮外（如性质较软的水调面、发酵面、酥皮面中带馅面点的制皮等），在包馅面点的成型中也常用到。从按的手法看可分为两种：一种是手指揿，即手的四指并拢，在操作中均匀用力，边揿边转。一是要将饼按圆，二是要大小薄厚一致，三是要将馅心摊匀，所以只适用于软皮软馅的品种，如馅饼、盒子等。用这种手法成型，不仅速度快，而且不易露馅。另一种是掌根按，适用于形体小巧、馅心较硬实、皮料有塑性的面点，如酥皮类、浆皮类的点心。

（10）搓。搓是两个手掌（手指）反复摩擦，或把面放在案子上用手来回揉擦的成型工艺。搓常用于下剂前的搓条，还可用于麻花的搓型，莜面鱼鱼、莜面窝窝、莜面挖团的成型。无论是大条还是小股面，搓都要做到粗细一致、条形均匀。

（11）卷。卷是将面片（皮）弯转裹成圆筒形的成型工艺。卷一般是在擀的基础上进行，并常与切连用，是一种常用的比较简单的成型方法。卷常用于各式花卷、蛋糕、酥点以及夏季的凉点等的成型。

（12）包。包是用面皮将馅心裹起来的成型工艺。面点制作中包的方法多种多样，其操作要领各不相同。

①大包法：在皮中央上馅后，将周边的皮向上收拢，剂口收在中间，然后打掉剂头，收口处要求无褶无缝，所以也叫无缝包。如馅饼、汤团、豆沙包等。

②拢包法：专门用于烧卖的一种成型法。由于烧卖皮的成型及其质地不同于其他面皮，所以包法也较特殊，即不封口、要露馅，皮收拢后靠馅的黏性粘住，褶皱均匀，顶端平整。

③裹包法：用于春卷、银丝卷、粽子等制品的成型，但具体的包法又有不同。前两者类似于包包袱，将皮平铺在案上，将馅放在皮的中间或中下部，把下半部的皮撩起到馅上，再把两侧的

皮提起叠压在馅上，最后翻卷馅心将上半部的皮压在下面。只是由于成熟方法的不同，春卷在收口时要在皮边沿抹面糊粘住，而银丝卷不用。粽子的包法是将够宽度的粽叶折合成锥形筒，装入适量的糯米后，将上部粽叶折回封口，再用绳捆扎好。

（13）捏。捏是用手指将面皮（面坯）弄成一定形状的成型工艺。在面点成型中，捏是最复杂、手法最多、技艺性最强，也是形成花色最多的一种手法。捏制成型的面点大都带馅，因此多属在包的基础上进行，如花色蒸饺、象形船点等。捏的方法有挤捏、提摺捏、推捏、叠捏、折捏、卷捏等。

①挤捏：多用于水饺的成型。挤捏出的水饺生坯要求肚大、边窄、形似木鱼，故而又叫木鱼饺，又因边平整窄小，又叫平边饺。

②提褶捏：多用于咸馅包子类，如狗不理包子、小笼包、三丁包、灌汤包、素菜包等，都是用提褶捏的方法成型，制品成型后，顶部有 18 个以上的均匀褶纹。

③推捏：分单推捏和双推捏，是花色蒸饺常用的成型手法。单推捏是一手的拇指和食指相互配合，即拇指向前推、食指向后搓形成单面褶纹，如白菜饺。双推捏则是拇指和食指交替向前推而形成双面褶纹，如冠顶饺。

④叠捏：将擀好的圆皮按照制品的形态特点叠回一条、两条或三条弧边再包馅，成型时多与双推捏法结合捏制。如金鱼饺、知了饺、冠顶饺等。

⑤折捏：它是制作鸳鸯饺、四喜饺、梅花饺等的常用捏法。将圆皮上馅后托起周边皮，依据不同制品的成型特点，使其中间固定并形成两个、三个、四个或五个孔洞，再将其相邻的边一对一对折合并捏住，最后形成不同个数的大孔内包围着相应个数的小孔，然后用不同色泽的馅料镶装在孔洞内，使其形色美观。

⑥卷捏：多用于酥点中个别明酥制品的成型。如酥盒、酥

饺等上馅后，将两张皮捏合后还需在其边沿用卷捏的方法捏出绳索花边，即拇指向上翻卷面皮的同时食指向前稍移动并捏住，如此拇指食指相互配合卷捏，成型后既美观，而且锁紧的花边在熟制时又能防止开口露馅。

⑦花捏：它是捏法中最复杂、工艺性最强，也是较难掌握的一种成型法，多用于造型船点、面塑等的捏制，因多属于人物、动物、植物的立体造型，所以在成型时常同时使用多种捏法或利用工具配合成型。

2. 器具成型

（1）模具成型法。模具成型法是以不同规格、不同形态、不同花式的模具为面点定型的工艺方法。模具成型法简单方便，可使制品规格形态一致，保证质量。模具成型的注意事项是：第一，模具保持清洁。模具在使用前和使用后必须清理内部残渣，每一个花瓣、纹路都需清洁干净，否则磕出的成品表面纹路模糊，且容易与模具粘连，不利成型。第二，原料填装适当。面剂的分量要与模具的内腔基本一致，要考虑面坯受热膨胀的特点。如蛋糕糊面坯、松酥面面坯、酵母发酵面坯，其受热膨胀的程度不同，因而在填装原料时要适度掌握，留有余地。

（2）钳花成型法。钳花成型法是以花镊子为工具钳出花样纹路的造型工艺方法。钳花既可以在面皮上进行，也可以在面坯上进行。钳花成型法适用于水调面坯、膨松面坯、米粉面坯和层酥面坯。钳花成型的注意事项是：第一，凡带馅品种馅心不宜过大，不可包偏，防止钳花时露馅。第二，任何制品钳花的间距、深浅、力度应基本一致。第三，水调面坯、米粉面坯由于成熟后面坯造型基本无变化，所以钳花的深度与力度应合适；而膨松面坯成熟后容易走形，所以采用钳花成型的膨松面坯不可太软，且必须增加钳花时的深度和力度，才能保证膨松后的制品花纹清晰、立体感强。第四，层酥面坯钳花最好选用叠酥的开酥方法，且制品表面如需刷蛋液，蛋液切不可糊住钳口。

（3）挤注成型法。挤注成型法是借助花嘴和布袋（油纸筒）将糊状或糕体原料挤压成型的工艺方法。挤注工艺的注意事项是：第一，坯料既不能稀溏，也不能有过强的筋、韧性，应有良好的可塑性；第二，应根据制品形态的不同，适时更换花嘴；第三，具备深厚的双肘悬空操作功底和熟练自如的挤、拉、带、收等操作技法。

## 九、熟制

### （一）面点熟制的蒸、煮法

1. 蒸

蒸制法是将成型的面点生坯放入蒸具（蒸屉、蒸箱等）中，采用不同的火力加热使面点生坯成熟的工艺方法。蒸制法适用范围广泛，除油酥面坯和矾碱盐面坯外，其他各类面坯都可采用，特别适用于发酵面坯和米粉面坯及米类糕品。如馒头、包子、米团、糕类、蒸饺、蛋糕等。蒸制法成熟的成品具有质地柔软、易于消化，形体完整、原色、馅心鲜嫩的特点。

（1）蒸具加水烧水技术要点。

①蒸具中的水量要适宜：若使用蒸锅，加水量的标准是以淹过笼足 5~7 厘米为好。水量过多，水沸腾后冲击笼底，易使处于笼底部的制品浸水僵死；水量过少，一是容易干锅，二是产生的水蒸气容易从笼底流失，使笼中没有足够的水蒸气给制品生坯传热，导致制品夹生、粘牙等。若使用蒸箱，水量以六至八成满为好，过多过少都不好。同时如果加水量过多，产气量相对不足，压力和温度都不够，会导致制品成熟慢或僵死。

②水要加热至沸腾：因为大多数的品种要求蒸汽上冒且大

量产生时才能将制品生坯放入蒸具中，所以不能用冷水或温水进行蒸制。特别是加好碱的酵面，在冷水或温水条件下，会慢慢跑碱而出现制品产生酸味的现象。

（2）生坯摆屉技术要点。

①选择合理的入屉方式：生坯在入屉时有两种方式：一种是在锅外入笼，另一种是在锅中入笼。锅外入笼是在笼屉或蒸格尚未置于沸水锅中时，将生坯摆入蒸笼或蒸格中的方法。这种方法适用于成型后不怕挪动蒸笼或蒸格的面点生坯。多数制品都采用这种入屉方式，如包子、花卷等。锅内入笼是先将笼屉或蒸格放入沸水锅中，再将面点生坯摆入其中。这种方法主要适用于成型后或入笼后不宜再挪动的面点生坯，如糊状、粉块状料团。"凉蛋糕""年糕"等制品在蒸制前，在蒸格上衬上白布，放入沸水锅中，再将调好的糊状料直接倒入笼中，稍抹平后，撒上需要的调料，再旺火蒸熟。

②防止生坯粘笼：面点生坯在蒸制过程中，由于其发稀发黏，易造成成熟后制品黏附在蒸笼或蒸格上，从而损伤成品外观，或成熟后粘连在蒸具上不易取下来。预防的方法有两种：一种是在蒸具中加放垫具；另一种是在蒸屉上刷油，利用油脂的隔离性质防止加热和成熟过程中产生粘连情况。

③生坯间距合理：生坯码在蒸具中不能过密或过疏。

④避免不同制品混为一屉：不同品类的面点制品不能混为一屉，尤其是不能混为一格蒸制。因为不同制品配料不同，胀发程度不一样，在摆屉时难以合理调节间距。不同配料的制品，其滋味、气味均有一定的差异，在加热熟制过程中由于对流的原因会产生"串味"现象，而且不同面点生坯其成熟时间不一样、火候要求不同，若混蒸极易造成某种制品达不到其应有的质量标准。

中式面点制作

（3）蒸制技术要点。

①准确掌握生坯蒸制时机：多数情况下，面点生坯成型摆屉后即可入笼蒸制，但对酵面制品则须在成型后静置一段时间，主要是使在成型过程中由于揉搓而紧张的生坯松弛一下和继续胀发一段时间，以利于成熟后达到最佳的胀发效果，一般控制在10~30分钟，静置时机成熟后则可入蒸具中蒸制。

②灵活掌握蒸制的火力与气量：一般情况下，多数制品蒸制时要求火旺气足，以保证蒸具中有足够的蒸汽压、温度和湿度，使制品快速成熟、膨胀，这是蒸制用火的一般规律。

有一些制品则不遵循这个一般规律，有自己独特的用火方式。如在蒸制"凉蛋糕"时，先用中小火烧开并将笼盖开一缝隙，蒸3~5分钟后，再将笼盖放下密封用大火蒸制成熟。其主要目的在于防止因笼内温度过高、蛋糊胀发过快而造成制品表面起泡和有麻点的现象，同时也避免初始温度过高，蛋白质变性过早，影响胀发效果。

③蒸具密闭性能要好，严防漏气：主要的目的是减少热能的损失，保证笼内有足够的蒸汽压和湿度，以使制品快速成熟和保证制品成熟后的质量。

④掌握好成熟时间：蒸制时间不足，制品不熟；蒸制时间过久，制品会产生发黄、发黑、变实、坍塌而失去应有的色、香、味、形。

⑤保持锅中水质的洁净：蒸锅中和蒸具中的水在蒸制过程中会发生水质变化。如多次蒸制发酵类制品的水，水中含有较多的碱性物质，易使下一批蒸制的制品碱量大；又如蒸制含油较重的制品，水锅中会积聚大量的油质，极易污染下一批制品的色泽和滋味。所以，蒸锅要经常换水。

2. 煮

煮制法是将面点生坯或半成品放入到一定水量的锅中煮制的成熟方法。煮制法以水作为传热介质，适用于水调面坯、米及米粉面坯、杂粮面坯及各种羹类的甜食品等。如面条、水饺、馄饨、片儿汤、粥、米饭、粽子及莲子羹、百合羹、杏仁鲜奶露等。煮制法熟制的成品具有质地爽滑，保持原料原汁、原味、原色的特点。

（1）下锅技术要点。

①准确掌握用水量：适用于煮制法的面点品种通常分为两类：第一类是制成型的半成品，如汤圆、水饺、馄饨等。煮时加水量要充足，水量是制品生坯的几倍或十几倍，这样使制品在水锅中有充分的活动余地受热均匀，不粘连、不浑汤，使成品清爽利落。第二类是粥、饭及甜羹制品，水量要放准，不能多也不能少，以保证成品的质量标准。

②确定生坯入锅的水温：煮制面点生坯半成品、米粥及甜羹等多数品种，都需要沸水下锅，尤其是面点生坯半成品必须沸水下锅，才能避免粘连、浑汤等严重影响质量的情况出现。因为蛋白质变性、淀粉糊化必须具备65℃以上的温度条件，所以只有水宽水沸才能保证生坯入锅后的水温不低于65℃。做米饭则要求冷水下锅，加热烧开，使米粒先在冷水中涨发一段时间，使成品更香糯可口。

③下锅时要随下随搅：面点生坯及各种原料刚入锅后温度下降很快，成分中的淀粉低温下不能充分糊化，蛋白质也不能充分变性，此时黏性很大，容易粘锅和相互粘连，不经处理很容易破裂，因而需要边下锅边慢慢向一个方向用勺背搅动，使锅中水转动起来，以避免粘锅和相互粘连的情况发生，保证成品的形态不受破坏。

（2）煮制技术要点。

①适当调节火力。一般成型的面点生胚或半成品需要火旺、水沸，水面要保持在翻滚状态进行煮制，但不能大翻大滚，否则皮子容易破裂。在煮制此类面点制品尤其是带馅制品时，要求加盖煮制，因为加盖后气压上升，热量更容易渗透进入制品生坯内部。

如果在煮制过程中火力不易控制（如很多地方还在使用煤加热、柴加热等）而造成水大翻大滚，可以采取"点水"的方法来控制其沸腾状态，即在沸腾的水中倒入一勺到两勺的冷水使其停止沸腾一段时间，以免冲破皮坯外表皮，同时稍微延长加热时间，使馅心能慢慢成熟。点水次数应以不同的品种而定，通常一锅点三次水即可。

②煮制过程防止粘锅：因制品刚入锅时容易沉底、粘锅，半生半熟时生坯表面一部分漂出水面而使加热不均匀，所以在煮制过程中要经常性搅动，以防止粘锅和保证受热均匀。

③掌握好煮制时间：煮制时必须掌握好时间，既不能使制品不熟，又不能煮过火。不同的制品其加热的时间不同。如馄饨因皮薄馅少，煮沸开锅即熟；煮粽子的时间则比较长，因其皮厚实，原料为糯米，故成熟慢，通常需要 2~3 小时，还需要一定的焖制时间。

④在连续煮制时，要不断地补充或更换锅中的汤水。

（3）成熟起锅要点。

①制品成熟后要尽快起锅食用，在水中浸泡时间过长会造成风味下降、质量欠佳。

③成熟制品易破裂，捞时先要轻轻地搅动使制品浮起后再捞。

**（二）面点熟制的烤、烙法**

1. 烤

烤制法是将成型的面点生坯放入烤炉中，利用烤炉的不同温度使面点生坯成熟的熟制方法，也称为烘烤或焙烤。烤制法适用于各种面坯制作的面点。烤制品具有色泽鲜明、形态美观、含水量少、耐储存的特点。烤制品多为含糖含油量较多的糕点制品。

（1）掌握烤炉火力的调节。烤制法中火力的种类有三种（表2-1）。

表2-1　烤制法中火力的种类

| 火力 | 炉温（℃） | 特征 |
|------|-----------|------|
| 微火 | 110~170 | 微火温度较低，不会使制品表面产生颜色的变化，所以微火烤制出的品种一般为白色或保持制品原色 |
| 中火 | 170~190 | 中火温度较高，加热后会使制品表面着色，形成金黄色或黄褐色 |
| 旺火 | >190 | 炉温很高，对制品颜色影响较强烈，使制品表面形成枣红色或红褐色色泽 |

对于炉中火力的调节主要通过烤炉的上下火（也称为底、面火）控制开关进行。

（2）控制烘烤炉温。烤制品大多数品种外表受热温度以150~200℃为宜，要求炉温保持在180~250℃，过高或过低，都会影响制品质量。

炉温过高，制品外表容易焦化变煳，而内部不成熟；炉温过低，则不能形成面点制品所要求的色泽，同时烤制时间也势必延长，生坯会由于失水过多而出现干裂，内部失去松软的特色。所以烘烤时，要确切地了解各种制品的烘烤温度以保证烘烤制品的质量（表2-2）。

表2-2　烘烤各种制品的参考温度

| 面点种类 | 烘烤温度（℃） |
|---|---|
| 酥饼类 | 160~180 |
| 蛋糕类 | 180~200 |
| 酥皮类 | 200~220 |
| 烧饼类 | 240~260 |

另外，各类面点制品烘烤时对底、面火的要求也不一样。一般需膨胀、松发的产品要求底火大于面火，使胀发充分，避免表面过早结壳定型；而印有印纹的制品则要求底火小于面火，以免由于松发过大而使印纹变形。所以，在炉温调节的同时，还要充分注意到底、面火的调节。

（3）调节炉内烘烤湿度。烘烤湿度是指烘烤中炉内湿空气和制品本身蒸发的水分在炉中形成的湿空气的湿润程度。

烘烤湿度直接影响着制品的外观质量。湿度大，制品着色均匀，不易改变形态；湿度小，制品上色不匀，易改变形态，且制品易发干变硬，饼面干裂，无光泽等。一般要求炉内相对湿度达到65%~70%为宜。

烘烤湿度的调节有三种方法：第一，可在烤炉中放一盆水调节，在烘烤中水蒸发而达到增强炉内湿度的目的；第二，不经常开启烤炉门，烤炉外的排气孔可适当关闭，以利保湿；第三，使用带有恒湿控制的设备。

2. 烙

烙是利用金属传导热量使制品成熟的一种方法。烙是利用锅底的热量成熟的，所以锅底受热的均匀程度将直接影响到制品的质量。常见用烙的方法成熟的品种有大饼、薄饼、炝饼、春饼、家常饼等。

烙有干烙，加油烙和加水烙三种。

（1）干烙。干烙是空锅架火。在底部加温使金属受热，不刷油、不洒水、不调味，使制品的正反两面直接与受热的金属锅底接触，而成熟的一种方法。干烙的制品不宜太厚，否则内部难以成熟；火力不宜过大，在干烙成熟某一制品后，一定要用潮湿干净抹布擦拭铁锅，以保持清洁并相应降低温度，否则会影响后面干烙制品的质量。

（2）油烙。油烙的烙制方法与干烙基本相似，不同的是在烙制之前要在锅上刷上适当的油。这样可使制品金黄色美、外焦里嫩、酥香可口、酥脆松软。

（3）加水烙。加水烙是利用平锅和锅内的蒸汽传导热量使制品成熟的一种方法。烙制前在平锅上淋少许油，再将生坯置于锅内烙制，待着色之后再洒入适量的水，使水变为蒸汽后盖上锅盖焖熟。加水烙的品种既焦脆又松嫩，吃口较佳。

**（三）面点熟制的炸、煎法**

1. 炸

炸制法是将面点生坯放入热油中，通过加热使面点生坯成熟的熟制方法。炸制法适用范围很广，一般适用于油酥面坯、化学膨松面坯、米粉面坯、热水面坯等，如油酥面点、油条、麻花、炸糕、凤尾酥、波丝油糕、薄脆、葱油饼、开口笑等。一般不适用于发酵面坯、物理膨松面坯和冷水面坯等。

（1）锅中放油烧热要点。

①炸油应为生坯的数倍：为保证制品的形态和油温的恒定，炸制法要求在多油量的锅中炸制，使生坯有充分的活动空间，炸制用油量必须是生坯的几倍至十几倍。所以炸制工艺要根据生坯的数量和炸锅的大小添入适量的油。

②选择适合的炸制温度：炸制成熟的面点品种很多，由于其风格质量要求不同，对油温的高低要求也不同，在炸制前，

必须根据制品的质量要求把油温加热至合适的温度。如炸油酥制品，油温一般在 90℃ 左右，蛋和面坯制品，油温一般在 120～150℃，油条炸制则需要 200℃ 左右的高温等，需要灵活掌握。

（2）生坯下锅炸制要点。

①控制好油温和火力：油的温域宽、变化快，在炸制过程中要控制好温度。油温不可过低或过高，过低则制品变形、疲软，易渗入大量的油脂而造成"吃油"现象，也达不到制品所需要的质量要求；温度升得高，又容易使制品炸焦、炸煳或外焦里生以至于不能食用。所以，对油温的控制是炸制法的重要技术关键。控制方法主要是控制好火力，一般火力不可太旺。

②掌握好炸制时间：炸制时间是指制品生坯在一定油温下达到质量标准所需的时间。每一种制品的炸制时间都不一样，同一制品的炸制时间又受到制品形体大小的影响，所以制品的炸制时间是一个变化很大的因素，必须在实践中不断地摸索。

③成熟起锅要沥干油分。

2. 煎

煎制法是把成型的面点生坯或半成品放入少量油的平锅中（或煎锅中）采用一定的火力加热使面点生坯或半成品成熟的熟制方法。煎制法多使用平底锅，用油量视品种而定，一般只在锅底抹薄薄一层，有少数品种用油量稍多，也不能超过制品厚度的一半。

## 十、装盘

装盘是将面点成品摆放进餐具并形成图案的工艺过程。

1. 装盘的基本要求

（1）注意清洁，讲究卫生。装盘是面点工艺的最后一道工序，此时多数面点制品已经成熟，即灭菌过程已经完成，因此，操作时必须遵循食品卫生规范，不仅盛器要严格消毒，做到光洁无污点，且操作者双手、装盘工具也必须干净卫生，严禁使用擦手布擦拭已经消过毒的盘子。

（2）突出成品，疏密得当。在装盘时要根据具体情况选择尺寸适宜的盛器。盛器过大，内容物会显得太少；盛器过小，内容物会超越审美线。餐饮经营中，盛器内制品的个数一般以每客一件，略有剩余为好。如果对盘子或盛器做简单装饰，要凸显食用成品，盘饰不能喧宾夺主，盛器内更要有"留白"，成品不能"溢出"盛器。

（3）器点相配，相得益彰。装盘是面点形、色、器的艺术组合。我国烹饪历来讲究美食配美器，因为有些盛器本身也是具有欣赏价值的艺术品。一道精美的面点，如能盛放在与之相配的盛器中，则更能展现其色、形和意境之美。盛器选用得当不但能起到衬托面点的作用，还能使宾客得到视觉艺术享受。

2. 装盘的基本方法

成品装盘是面点工艺中的最后一道程序，它的效果直接影响面点的色、形感观品质。新颖别致、美观大方是面点装盘的基本要求。面点装盘属于菜点包装的范畴，其意义在于通过装盘的拼配、造型、围边、垫衬、烘托、点缀，力争给食客创造一个良好的视觉效果。面点的装盘拼摆一般有以下几种形式。

（1）排列式（图2-1）。将面点按一定的顺序排列，如横纵排列、三角形排列、矩形排列等。排列式装盘较为整齐，可形成较完整的形体。这种装盘形式较为普遍。

（2）倒扣式（图2-2）。把加工制作的制品按一定的方法（或图案）码在碗中，蒸熟后把其成品倒扣于盘中，即成完美的形状。八宝饭的装盘是最典型的倒扣式装盘。

（3）堆砌式（图2-3）。把面点自下向上堆砌成一定形状，

**图 2-1　排列式**

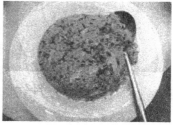

**图 2-2　倒扣式**

如馒头、烧饼、春卷的堆放，糕的装摆等，适用于较为普通的
面点。

**图 2-3　堆砌式**

（4）各客式（图 2-4）。甜羹类、水煮类、煎烤类面点可用

小汤盅、小碗、铝盏、纸杯等盛装，每客一份，由服务员分别
送予宾客食用。这种装盘比较简单，一般不需装饰，有时可用
小分量的水果作点缀。

图 2-4　各客式

# 第三章　馅心制作

## 第一节　馅心的概念和分类

### 一、馅心的概念

馅心是指将各种制馅原料，经过精细加工、调和、拌制或熟制后包入米面等坯皮内的"心子"，又称馅子。

### 二、馅心的分类

馅心种类很多，花色不一。馅心主要是从原料、口味、制作方法三个方面进行分类的。

#### （一）按原料分类

按原料分类，可分为荤馅和素馅两大类。

（1）荤馅。荤馅是指以畜禽肉或水产品等为原料制成的馅心。

（2）素馅。素馅是指以新鲜蔬菜、干菜、豆类及豆制品为原料制成的馅心。

#### （二）按口味分类

按口味分类，可分为甜馅、咸馅和甜咸馅三类。

（1）甜馅。甜馅是指以糖、油、豆类、果仁、干果、蜜饯为原料制成的馅心，以甜香味为主体口味。

（2）咸馅。咸馅是指以咸鲜味为主体口味的馅心。

（3）甜咸馅。指既有甜香味，又有咸鲜味的馅心。

**（三）按制作方法分类**

按制作方法可分为生馅、熟馅两种。

（1）生馅。生馅是指将原料经初加工处理后不经加热成熟，而直接调味拌制而成的馅心。

（2）熟馅。熟馅是指将原料经加工处理后，再进行烹炒、调味使馅料成熟的馅心。

# 第二节　原料加工

## 一、馅心原料初加工基本方法

摘洗，指新鲜蔬菜去根蒂，去黄叶、烂叶、老叶，去泥沙并用水清洗的操作过程。洗蔬菜时要用水浸泡2分钟左右，把蔬菜叶子中夹带的泥沙泡出来，然后再用清水洗净。

去皮，指将茄果类、根茎类蔬菜削去外皮的操作过程。如用冬瓜、南瓜、莲藕原料等制作馅心前，需要用削皮刀或菜刀去皮。原料去皮时一定要去干净，否则，调制出的馅心会有硬颗粒。

去壳，指将有表面硬壳的干鲜果去掉外壳的操作过程。如花生、瓜子、松子等在使用其制馅前要先去掉表面硬壳。需要注意的是，去外壳时尽量不要把外壳破得太碎，否则，调制馅心时，容易使馅心中残留细碎外壳，影响馅心质量。

去核，指将有仁核的原料剔去内核的工艺过程，主要用于各类干鲜果类原料的制馅加工。鲜果去核时直接用刀切开去核，而干果要先去壳后才能去核。

此外，有些原料需要去掉不良味道的部分，如以莲子做馅

・77・

要用牙签去掉莲子的苦心，以大虾做馅需要用牙签挑去虾线；否则，制成的馅心会出现不良口味。

## 二、馅心原料加工的基本刀法

切，是指刀刃距离原料 0.5~1 厘米时，运用手腕的力量向下割离原料，使其成为较小形状的刀法。切法适于对体态细长蔬菜的细碎加工，如韭菜、茴香、香菜、豇豆、芹菜等，同时，也适合于将原料加工成丁、丝、小块状，如豆腐干丁、葱丝、姜丝等。

剁，是指刀刃距离原料 5 厘米以上，运用小臂的力量垂直用力迅速击断原料，使其成为细碎形状的刀法。面点制馅工艺中，先切后剁是较为常用的刀法，适合于对叶片大、茎叶厚蔬菜的加工，如大白菜、圆白菜、莴苣、竹笋等，同时，也适合于将原料加工成末、蓉、泥状，如虾泥等。

擦，是指利用擦丝工具，将原料紧贴擦床儿并做平面摩擦，使其成为细丝形状的刀法。擦法往往与剁结合，先擦后剁使原料细碎，适合于对根茎类、茄果类原料的细碎加工，如倭瓜、西葫芦、莲藕、萝卜、马铃薯等。

绞，是指借助绞肉机的功能，将原料粉碎成细小颗粒、泥蓉、浆状物的方法。如各类肉馅的初步加工、果蔬菜汁的加工、干果原料的粉碎等。

## 三、生馅原料的水分控制

焯水又称出水，是指将原料放入沸水锅中烫制的工艺过程。焯水可使蔬菜颜色更鲜艳，质地更脆嫩；焯水可减轻蔬菜的涩、苦、辣味和动物原料的血污腥膻等异味；焯水还可以调节原料的成熟时间，便于原料进一步加工，所以，对原料的色、香、味起关键作用。

**（一）焯水的方法**

面点制馅工艺中，需要焯水的原料种类较多，形状各异，有些原料可洗净后直接焯水，再粉碎，如菠菜、油菜、小白菜等；有些原料需要初步加工成型后再焯水，如萝卜、芹菜、竹笋等。

其基本焯水方法如下。

（1）水锅上火烧开，在开水锅中放少量食盐。

（2）将初加工好的原料放入锅中稍烫。

（3）待原料纤维组织变软，用笊篱将原料迅速捞出。

（4）将烫过的原料立即放入冷水盆中冷却（多数原料焯水需要此步骤）。

（5）将原料从冷水盆中捞出，放在筛子上控净水分。

**（二）焯水注意事项**

（1）开水下锅，及时翻动。将锅内的水烧至滚开再将原料下锅，且要及时翻动，适时出锅；否则，不能保证原料的色、脆、嫩。

（2）掌握火候，适当加盐。要根据原料形状掌握加热时间，焯绿叶蔬菜，水中要适量加盐，这样可以保持菜的嫩绿颜色。

（3）及时换水，分别焯水。焯特殊气味的原料，要及时换水，防止"串味"；形状不同的原料，要分别焯水，不能"一锅煮"，防止生熟混乱。

（4）冷水过凉，控干水分。蔬菜类原料在焯水后应立即投入凉水中，然后控干水分，以免因余热而使之变黄、熟烂。

**（三）脱水**

使用新鲜蔬菜制馅，需要在调味拌制之前，去除菜中多余

中式面点制作

的水分。脱水是指通过盐或糖的渗透压作用，使新鲜蔬菜中多余的水分外溢，挤掉水分的过程，作用是减少新鲜蔬菜的含水量，便于包馅成型。

（1）脱水的方法。

①将新鲜蔬菜切成细丝或碎粒。

②在细碎原料中撒盐，然后揉搓。

③用纱布把原料中渗透出的水分挤压干净。

（2）脱水注意事项。

①根据蔬菜种类不同，脱水的处理工艺也不同。

②蔬菜脱水尽量在短时间内完成，如果时间久了会影响其品质及其营养成分。

③如果制作咸馅成品，脱水时可加少量食盐；如果制作甜馅成品，脱水时，可加少量白糖。

打水是指通过搅拌在肉馅中逐渐加入水分的工艺过程。其目的是使肉馅黏性更足，质感更松嫩。

**（四）打水**

（1）打水的方法。

①将肉馅放入盆中，在肉中放入食盐，搅拌均匀。

②将少量水放入肉中，沿着一个方向不断搅拌，直至黏稠。

③再次放水，搅拌至黏稠，反复多次。

（2）打水注意事项。

①根据肉的特点确定加水量：肉的种类不同、部位不同，其持水性不同，因而打入水量也不相同。牛肉、羊肉、猪肉、鸡肉、马肉的持水性依次降低，打水量也依次降低。

②分次加水，每次少加：肉质吸水有一个过程，水要分次逐渐加入且每次加水量要少。

③打水要始终沿着一个方向搅拌：不能无规则地顺逆混搅，

否则，馅心会出现澥汤脱水现象，影响包捏成型。

④夏季，搅好的肉馅放入冰箱适当冷藏为好。

# 第三节 口味调制

## 一、生咸馅的调制

### （一）生荤馅

生荤馅是用畜、禽、水产品等鲜活原料经刀工处理后，再经调味、加水（或掺冻）拌制而成（图3-1）。其特点是馅心松嫩，口味鲜香，卤多不腻。

**图3-1 肉馅**

1. 选料加工

生荤馅的选料，首先应考虑原料的种类和部位，因不同种类的原料其性质不同，而同一种类不同部位的原料其特点不同。多种原料配合制馅，要善于结合原料性质合理搭配。

对于肉馅加工，首先要选合适的部位或肥瘦肉比例搭配合适，然后剔除筋皮，再切剁成细小的肉粒。在剁馅时淋一些花椒水，可去膻除腥，增加馅心鲜美味道。

绞肉机绞出的肉馅比人工用刀剁得更加细腻，同时，普遍带有油脂较重、黏性过足的特点，这样虽利于包捏成型，但也会影响成品的口味与质感。因此，在调制使用绞肉机制作的生肉馅时，如果能正确掌握调味、加水（或掺冻）这几个关键点，也就能顺利地解决生肉馅油腻这一难题。

2. 调味

调味是为了使馅心达到咸淡适宜、口味鲜美的目的而采用的一种技术手段。调味和加水的先后顺序应依肉的种类而定。调味品的选用也因原料的种类不同而有差异，有时同一种类的原料，因区域口味不同，在调味品的使用上也有所不同。

调制生荤馅的调味品主要有葱、姜、盐、酱油、味精、香油，其次有花椒、大料、料酒、白糖等。调馅时应根据所制品种及其馅心的特点和要求择优选用，要达到咸淡适宜，突出鲜香。不能随意乱用，避免出现怪味、异味。

调猪肉馅应先放调料、酱油，搅匀后依具体情况逐步加水，加水之后再依次加盐、味精、葱花、香油。因猪肉的质地比较嫩，脂肪、水分含量较多，如果在加水之后再调味，则不易入味。

调羊肉、牛肉馅则相反，因羊肉、牛肉的纤维粗硬，结缔组织较多，脂肪和水分的含量较少，所以，调馅时必须先加进部分水，搅打至肉质较为松嫩、有黏性时，再加姜、椒、酱油等调料，搅匀后，依具体情况再适当酌加水分，然后加盐搅上劲，最后加味精、葱花、香油等。

调制肉馅必须是在打水之后加盐，如果过早加盐，会因盐的渗透压作用使肉中的蛋白质变性、凝固而不利于水分的吸收和调料的渗透，并会使肉馅口感艮硬、柴老。

3. 加水或掺冻

（1）加水。加水是解决肉馅油脂重、黏性足使其达到松嫩目的的一个办法。具体的加水量首先应考虑制品的特点要求，然后根据肉的种类、部位、肥瘦、老嫩等情况灵活掌握。

加水时，应注意以下几点：第一，视肉的种类质地不同，灵活掌握调味和加水的先后顺序。第二，加水时，一次少加，要分多次加入，每次加水后要搅黏、搅上劲再进行下一次加水，防止出现肉水分离的现象。第三，搅拌时要顺着一个方向用力搅打，不得顺逆混用，防止肉馅脱水。第四，在夏季，调好的肉馅放入冰箱适当冷藏为好。

（2）掺冻。掺冻是为了增加馅心的卤汁，而在包捏时仍保持稠厚状态，便于成型操作的一种方法。冻有皮冻和粉冻之分。

皮冻是用猪肉皮熬制而成。在熬冻时只用清水，不加其他原料属于一般皮冻；熬好后将肉皮捞出，只用汤汁制成的冻叫水晶冻；如果用猪骨、母鸡或干贝等原料制成的鲜汤再熬成的皮冻属上好皮冻。此外，皮冻还有硬冻和软冻之分，其制法相同，只是所加汤水量不同。硬冻加水量为1：（1.5~2），软冻加水量为1：（2.5~3）。硬冻多在夏季使用，软冻多在冬季使用。多数的卤馅和半卤馅品种都在馅心中掺入不同比例的皮冻，尤其是南方的各式汤包，皮冻是其馅心的主要原料。

粉冻是将水淀粉上火熬搅成冻状，晾凉后掺入到馅心中，其目的除使馅心口感松嫩外，同时，还为了在成型时利用馅心的黏性粘住隆起的皮褶，如内蒙古的羊肉烧卖就是如此。

馅料内的掺冻量应根据制品的特点而定，纯卤馅品种其馅心是以皮冻为主，半卤馅品种则要依皮料的性质和冻的软硬而定，如水调面皮坯组织紧密，掺冻量可略多；嫩酵面皮坯次之；大酵面皮坯较少。

**（二）生素馅**

生素馅多选用新鲜蔬菜作为主料，经加工、调味、拌制后成馅心（图 3-2），具有鲜嫩、清香、爽口的特点。

**图 3-2　素馅**

1. 选料摘洗

根据所制面点馅心的特点要求，选择适宜的蔬菜，去根、皮或黄叶、老叶后清洗干净。

2. 刀工处理

馅心的刀工处理方法有切、先切后剁、擦和擦剁结合、剁菜机加工等方法。切适合于叶片薄而细长或细碎的蔬菜，例如，韭菜、茴香、香菜、茼蒿等；先切后剁，适合于叶片大或茎叶厚实的蔬菜，如大白菜、甘蓝、芹菜、莴苣等；擦和擦剁结合，适合于瓜菜、根菜和块茎类蔬菜，如角瓜、萝卜、马铃薯等；还有用剁菜机加工。根据制品的要求和蔬菜的性质选择适合的刀工处理方法，以细小为好。

3. 去水分和异质

新鲜蔬菜中含水分较多，不能直接使用，必须在调味拌制前去除多余的水分。通常使用的方法有两种：一是在切剁时或切剁后在蔬菜中撒入适量食盐，利用盐的渗透压作用，促使蔬菜水分外溢，然后挤掉水分。二是利用加热的方法使之脱水，即开水焯烫后再挤掉水分。

此外，由于在莲藕、茄子、马铃薯、芋芳等蔬菜中含有单宁，加工时在有氧的环境中与铁器接触即发生褐变；在青萝卜、小白菜、油菜等蔬菜中均带有异味，这些异质在盐渍或焯水的过程中都可有效去除。

4. 调味

去掉水分的蔬菜馅料较干散，无黏性，缺油脂，不利于包捏，因此，在调味时应选用一些具有黏性的调味品和配料，例如大油、酱、鸡蛋等，这样不但增强了馅料的黏性，改善了口味，同时，也提高了素馅的营养价值。投放调味品时，应根据其性质按顺序依次加入，例如，先加姜、椒等调料，再加大油、黄酱，然后加盐，这样既可入味，又可防止馅料中的水分进一步外溢。香油、味精等最后投入，可避免或减少鲜香味的挥发和损失。

5. 拌和

馅料调味后拌和要均匀，但拌制时间不宜过长，以防馅料"塌架"出水。拌好的馅心也不宜放置时间过长，最好是随用随拌。

**（三）生荤素馅**

生荤素馅是中式面点工艺中最常用的一类咸馅。几乎所有可食的畜禽类、蔬菜类原料均可相互搭配制作此类咸馅。其特点是口味协调，质感鲜嫩，香醇爽口。

1. 调制荤馅

选择合适的动物性原料经刀工处理后，按照生荤馅的操作要求调制成馅。

2. 加工蔬菜

将蔬菜择洗干净后，不需要去水分的（如韭菜、茴香等）可直接切细碎，需要去水分的，可在切剁时撒一些精盐，剁细碎后再用纱布包起来挤去水分。

3. 拌和成馅

将加工好的蔬菜末放入调好口味的荤馅内搅拌均匀即成。

## 二、甜馅的调制

### （一）糖油馅

糖油馅是以白糖或红糖为主料，通过掺粉、加油脂和调配料制成的一类甜馅。糖油馅具有配料相对单一，成本低廉，制作简单，使用方便，风味丰富的特点。因此，糖油馅是制作点心较为常用的一类甜馅，如玫瑰白糖馅、桂花白糖馅、水晶馅等。

1. 选料

白糖中的绵白糖和细砂糖以及红糖、赤砂糖均可作为糖油馅的主料，但要依据不同制品的具体特点选择使用。粉料则选麦粉、米粉均可。麦粉多选择低筋粉，而米粉以籼米、粳米粉为好。油脂的使用也较为普遍，动物油中的猪板油、熟大油，植物油中的芝麻油、胡麻油、豆油等都可依糖馅的特点或地方风味来选用。糖油馅的种类都是根据所加的调配料不同而形成，因此，制作糖油馅的调配料多选用具有特殊香味的原料，如麻仁、玫瑰酱、桂花酱及不同味型的香精、香料等。

2. 加工

存放过久的白、红糖品质坚硬，须擀细碎。麦粉、米粉需烤或蒸熟过箩，但要注意不可上色或湿、黏。拌制糖油馅的油脂无须加热，多使用凉油，猪板油则需撕去脂皮，切成筷头丁。如果使用麻仁制馅，必须炒熟并略擀碎，香味才能溢出。

### 3. 配料

糖油馅是以糖、粉、油为基础，其比例通常为：糖 500 克，粉 150 克，油 100 克。但有时因品种特点不同或地方食俗不同，其比例也有差异。拌制不同类型的糖馅所加的各种调配料适可而止，如玫瑰酱、桂花酱以及各种香精其香味浓郁，多放会适得其反。

### 4. 拌和

将糖、粉拌和均匀后开窝，中间放油脂及调味料，搅匀后搓擦均匀，如糖馅干燥可适当打些水。

### （二）果仁蜜饯馅

果仁蜜饯馅是用各种干果仁、蜜饯、果脯等原料经加工后与白糖拌和而成的一类甜馅（图 3-3），具有松爽甘甜，并带有不同果料的浓郁香味的特点。

**图 3-3　果仁蜜饯馅**

由于我国南北物产的差异，果仁蜜饯馅在原料的选用及配比、制馅的方法上各地均有所不同。如有以瓜子仁为主的瓜子馅，有以鲜葡萄和葡萄干为主的葡萄馅，还有以各种果仁蜜饯相搭配制成的五仁馅、八宝果料馅等，通过众多原料的合理搭配，可制作出风味各异的甜馅，因此，也是面点制作或演变中常用的馅心。

1. 选料

果仁的种类较多，常用的有核桃、花生、松子、榛子、瓜子、芝麻、杏仁以及腰果、夏果等。多数果仁都含有较多脂肪，易受温度和湿度的影响而变质，所以，制馅时要选择新鲜、饱满、色亮、味正的果仁。蜜饯与果脯的品种也很多，通常蜜饯的糖浓度高，黏性大，果脯相对较为干爽，但存放过久会结晶、返砂或干缩坚硬，所以，使用时要选择新鲜、色亮、柔软、味纯的蜜饯果脯。

2. 加工

果仁需要经过去皮、制熟、破碎等加工过程，具体的加工方法因原料的不同特点而有所不同。如花生仁、松仁等，要先经烘烤或炸熟后再搓去外皮；而桃仁、杏仁等则需要先清洗浸泡，然后剥去外皮再烤或炸熟。较大的果仁还需要切或擀压成碎粒。较大的蜜饯果脯都需要切成碎粒，以便于使用。

3. 配料

因果仁、蜜饯、果脯的品种很多，配馅时，既可以用一种果仁或蜜饯、果脯配制馅心，如桃仁、松仁馅、红果、菠萝馅等；也可以用几种果仁、蜜饯、果脯分别配制出，如三仁、五仁馅，什锦果脯馅等；还可以将果仁、蜜饯、果脯同时用于一种馅心，即什锦全馅。配制果仁蜜饯馅以糖为主，除按比例配以果仁、蜜饯、果脯外，有时还需要配一定数量的熟面粉和油脂，具体的比例以及油脂的选择应视所制馅心使用果仁、蜜饯或果脯的多少和干湿度及其馅心的特点而定。

4. 拌和

将加工好的果仁、果脯、蜜饯与擀过的糖、过箩的熟粉以及适合的油脂拌和，搓擦到既不干也不湿，手抓能成团时方好。

# 第四节　上馅方法

上馅也称包馅、打馅、塌馅等，是指在坯皮中间放上调好的馅心的过程。这是包馅品种制作时的一道必要的工序。上馅的好坏，会直接影响成品的包捏和成型质量。如上馅不好，就会出现馅的外流、馅的过偏、馅的穿底等缺点。所以，上馅也是重要的基本操作之一。根据品种不同，常用的上馅方法有包馅法、拢馅法、夹馅法、卷馅法、滚黏法等。

## 一、包馅法

包馅法（图3-4）是最常用的一种方法，用于包子、饺子等品种。但这些品种的成型方法并不相同，根据品种的特点，又可分为无缝、捏边、提褶、卷边等类，因此，上馅的多少、部位、手法随所用方法不同而变化。

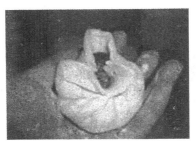

**图3-4　包馅**

1. 无缝类

无缝类品种一般要将馅上在中间，包成圆形或椭圆形即可。关键是无缝类不要把馅上偏，馅心要居中。此类品种有豆沙包、水晶馒头、麻蓉包等。

2. 捏边类

捏边类品种馅心较大，上馅要稍偏一些，这样将皮折叠上去，才能使捏边类皮子边缘合拢捏紧，馅心正好在中间。此类品种有水饺、蒸饺等。

3. 提褶类

提褶类品种因提褶面呈圆形，所以馅心要放在皮子正中心。此类品种有小笼包子、狗不理包子等。

4. 卷边类

卷边类品种是将包馅后的皮子依边缘卷捏成型的一种方法，一般用两张皮，中间上馅，上下覆盖，依边缘卷捏。此类品种有盒子酥、鸳鸯酥等。

## 二、拢馅法

拢馅法（图3-5）是将馅放在皮子中间，然后将皮轻轻拢起，不封口，露一部分馅，如烧卖等。

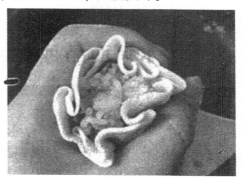

**图3-5 拢馅**

### 三、夹馅法

夹馅法主要适用糕类制品，即一层粉料加上一层馅。要求上馅量适当，上均匀并抹平，可以夹上多层馅。对稀糊面的制品，则要蒸熟一层后上馅，再铺另一层，如豆沙凉糕等。

### 四、卷馅法

卷馅法是先将面剂擀成片状，然后将馅抹在面皮上（一般是细碎丁馅或软馅），再卷成筒形，做成制品，切块，露出馅心，如豆沙卷、如意卷等。

### 五、滚粘法

此种方法较特殊，即是把馅料搓成型，蘸上水，放入干粉中，用簸箕摇晃，使干粉均匀地粘在馅上，如橘羹圆子等。

# 第四章　中式面点常见品种制作

## 第一节　水调面坯品种制作

### 一、刀削面

刀削面是山西人民日常喜食的面食，因面的成型全凭刀削，因此得名。它同北京的炸酱面、山东的伊府面、武汉的热干面、四川的担担面，合称为五大面食名品，享有盛誉。

刀削面口诀"刀不离面，面不离刀，胳膊直硬手端平，手眼一条线，一棱赶一棱，平刀是扁条，弯刀是三棱"。

#### （一）操作准备

1. 工具准备

案台、炉灶、水锅、煸锅、台秤，盆、刀、案板、手勺、削面刀、削面板、保鲜膜、笊篱。

2. 原料准备

经验配方：面粉1 000克，食盐10克，清水400克。

打卤原料：酸菜200克，白豆腐100克，肉末25克。

调味原料：植物油25克，精盐、鸡精、红辣椒、香油、姜各1克，酱油、葱花、料酒各2克，胡椒面3克，上汤400克，生粉5克。

#### （二）操作步骤

步骤1：和面。面粉、盐放入盆中，分三次加入冷水和成面坯，稍饧后反复揉搋至表面滋润、光滑平整，揉成长圆枕形或梭形，用保鲜膜封好，饧面待用。

步骤 2：打卤。将酸菜洗净切成小丁，豆腐切成 0.5 厘米的小丁备用；将炒锅上火烧热，锅内放入植物油、肉末煸香，烹料酒后下入葱、姜、干红辣椒、酸菜、豆腐丁，用中火煸出香味，再加入上汤、盐、鸡精、胡椒粉、酱油调好味，用生粉勾薄芡，最后淋入香油待用。

步骤 3：熟制。将削面表面稍稍蘸水，将梭形面坯沿内侧半边贴好，一手托削面板（削面板一头搭在肩胛骨上，另一头用手指抠住，手指不能高出面板），另一手持刀，刀刃与面坯纵向的延长线成 45°，沿面坯的内侧向外一刀挨一刀将面削入沸水锅中，煮 3 分钟左右。

步骤 4：成型。将面条用笊篱捞入碗内，浇上酸汤豆腐卤即可上桌。

**（三）成品特点（表 4-1、图 4-1）**

表 4-1　刀削面成品特点

| 成品形状 | 柳叶形、三棱状、七寸长、无毛边 |
| --- | --- |
| 成品色泽 | 色白 |
| 成品质感 | 筋韧利口、滑而不黏 |
| 成品口味 | 咸鲜酸辣 |

图 4-1　刀削面

## （四）特别提醒

（1）握刀不要太紧，削面时用力要适当，否则面条过粗或太碎。

（2）面要和得稍硬一些，要揉光滑、揉滋润。

## 二、姜汁排叉

姜汁排叉中含有鲜姜，而姜具有很好的食疗功用。生姜味辛、性微温，入脾、胃、肺经，具有发汗解表、温中止呕、温肺止咳、解毒的功效，主治外感风寒、胃寒呕吐、风寒咳嗽、腹痛腹泻等病症。

### （一）操作准备

1. 工具准备

案板、秤、灶台、炸锅、盆、屉布（或保鲜膜）、刀、笊篱、手勺。

2. 原料准备

经验配方：面粉 500 克，清水 250 克。

辅助原料：白糖 400 克，饴糖 100 克，桂花汁 50 克，清水 200 克，白芝麻 50 克，色拉油 1 500 克（实用 300 克）。

### （二）操作步骤

步骤 1：和面。将面粉、清水在案台上用搓擦的方法和成表皮光滑滋润的面坯，盖上湿屉布静置 20 分钟。

步骤 2：成型。将面坯擀成厚 0.2 厘米的大薄面片；再将面片改刀切成长 5 厘米、宽 3 厘米的小面片；将切好的面片三张一摞叠整齐，然后对折，在折叠处用菜刀切中间长、两边短的三刀；将切好的面片打开，将面片的一头从中间的刀口穿过，整理成排叉生坯。

步骤3：熬制糖桂花汁。锅上火，加入清水、白糖、饴糖、桂花汁熬成糖桂花汁。

步骤4：熟制。另起锅上火，倒入色拉油，加热至130℃，放入做好的排叉生坯，炸至金黄色用笊篱捞出。

步骤5：挂糖。用手勺在炸好的排叉上淋上糖桂花汁，再撒上芝麻即成。

## （三）成品特点（表4-2、图4-2）

表4-2 姜汁排叉成品特点

| | |
|---|---|
| 成品形状 | 柳叶形、三棱状、七寸长、无毛边 |
| 成品色泽 | 色泽金黄 |
| 成品质感 | 质感酥脆，表面微黏 |
| 成品口味 | 口味微甜 |

图4-2 姜汁排叉

## （四）特别提醒

（1）面坯不能和得过软，否则擀面片时会相互粘连。

（2）炸制时油温不能过高，防止颜色过深导致味苦。

（3）糖汁不能浇太多，否则成品软而不酥脆。

### 三、烫面炸糕

人们通常认为炸糕是用江米黏面制作的，而此款炸糕是以百姓家中最普通的面粉制作，馅心的制作仍然可以选择家里常备的白糖、红糖以及各种果仁混合制作。

#### （一）操作准备

1. 工具准备

电子秤、案板、面盆、箩、油刷、馅盆、馅尺、面杖、刮板、炉灶、油锅（电炸锅）。

2. 原料准备

经验配方：面粉 500 克，清水 1 000 克，泡打粉 2 克，白糖 150 克，花生油 500 克（实耗 150 克），熟面粉 30 克，桂花酱 10 克。

#### （二）操作步骤

步骤 1：烫面。清水倒入锅中上火烧开，将面粉过箩（450克）倒在锅内，用面杖用力搅拌均匀，倒在刷过油的案子上，揪成小块晾凉、晾透；再将剩余干面粉（50 克）与泡打粉混合过箩后揉入面坯中，将揉匀的面坯表面刷油后静置 30 分钟左右。

步骤 2：制馅。将白糖与熟面粉、桂花酱拌匀成馅备用（如馅心较干可稍加清水）。

步骤 3：成型。将面坯搓成长条，分摘成剂子（25 克/个）；取一只剂子，用双手拍成圆皮，再用左右手配合捏成"凹"形圆皮，包上糖馅捏紧收口，再用双手拍成边薄中间厚、直径 6 厘米的圆饼。

步骤 4：炸制。锅内加油烧至八成热（240℃），生坯顺锅沿放入锅中，用手勺背沿锅底轻轻推动油面，待炸糕浮起后将其翻面，炸成双面金黄色；用漏勺捞出，控净浮油即成。

### （三）成品特点（表4-3、图4-3）

表4-3　烫面炸糕成品特点

| | |
|---|---|
| 成品形状 | 圆形，表面有细小珍珠泡 |
| 成品色泽 | 色泽金黄 |
| 成品质感 | 外香酥，内软糯 |
| 成品口味 | 口味香甜 |

图4-3　烫面炸糕

### （四）特别提醒

（1）面粉要过箩，否则面粉中的小疙瘩会造成面坯中有白色生粉粒。

（2）面坯要烫熟烫透，否则面坯粘手难以操作。

（3）烫面后，面坯要凉透才能继续包馅成型操作，否则成品熟制时容易爆裂。

（4）饧面时面坯表面要刷油，防止风干结皮，否则成品表面粗糙。

## 四、薄皮包子

薄皮包子（维语叫"皮特尔曼吐"）是维吾尔族同胞喜爱的一道面点，如同北京肉夹馍和天津的狗不理包子一样，很受百姓欢迎。

### （一）操作准备

1. 工具准备

案台、案板、蒸箱、台秤、盆、刀、面杖、尺子板、油刷。

2. 原料准备

经验配方：面粉 500 克，温水 300 克，羊后腿肉 300 克，葱头 200 克，水 100 克，胡椒粉 30 克，盐 20 克。

### （二）操作步骤

步骤 1：面粉 500 克放入盆内，沸水 200 克浇入面粉中间，用面杖搅拌，再倒入 100 克冷水将面和成面坯，上案子摊薄晾凉，再揉透成温水面坯，盖上湿布饧面待用。

步骤 2：羊肉切 1 厘米见方的大丁，葱头洗净切 1 厘米见方大片；羊肉丁放入盆中，100 克水分数次放入，每次放水后，要稍抄拌，再用力将肉摔打至发黏；最后加入葱头片、胡椒粉、盐，再次拌匀。

步骤 3：将面坯搓条，揪 50 个剂子（15 克/个）；顺接口用手掌根将剂子按扁，用面杖将剂子擀成中间稍厚、边缘稍薄的圆形薄皮，放入一份馅（12 克）；一手托皮馅，另一只手用拇指和食指从面皮的一边两侧交替推捏成鸡冠包状。

步骤 4：笼屉立放，用油刷顺屉面刷油；将薄皮包生坯码入笼屉，上蒸锅大火蒸 15 分钟熟透即成。

## （三）成品特点（表 4-4、图 4-4）

表 4-4　薄皮包子成品特点

| | |
|---|---|
| 成品形状 | 鸡冠状，不破皮、不掉底 |
| 成品色泽 | 色白 |
| 成品质感 | 馅嫩，皮柔，皮薄馅大 |
| 成品口味 | 肉汁浓厚，咸鲜微辣 |

图 4-4　薄皮包子

### （四）特别提醒

（1）馅心要反复摔打透，使其吸足水分，否则吃口干燥，馅心不嫩。

（2）打馅时要遵循分次少量加水的原则，一次加水太多，会使肉馅澥水。

（3）此道面点要趁热食用。

## 五、春饼

春饼也叫荷叶饼、薄饼，是中国汉族的传统美食。制作春饼的材料普通易得，春饼制作方便，口感柔韧耐嚼，吃法也有很多种，通常以春饼卷"盒菜"一起食用。

中式面点制作

"盒菜"是用豆芽菜、粉丝等加调料炒制或拌制而成，还要配上炒菠菜、炒韭菜、摊鸡蛋、酱肘花、酱肉、熏肉等。

**（一）操作准备**

1. 工具准备

案板、电饼铛、盆、洁净湿布（或保鲜膜）、刀、油刷、面杖、平铲。

2. 原料准备

经验配方：面粉 500 克，热水 300~320 克，色拉油 100 克。

**（二）操作步骤**

步骤 1：面粉放在盆内，一部分面粉用开水烫熟，剩余的部分加冷水拌和；将两种面坯调和起来揉成团，让其光滑、滋润，盖上湿布饧好。

步骤 2：饧好的面坯揪成 20 克重的剂子，整齐码放在案台上，按成直径 5 厘米的圆形片，面上刷油，在每个圆坯撒上少许面粉，再次刷油。

步骤 3：做好的面坯两个对合在一起，用面杖擀成直径 15 厘米的圆皮；将饼坯放入电饼铛烙至两面变色即可出锅。

**（三）成品特点（表 4-5、图 4-5）**

表 4-5　春饼成品特点

| | |
|---|---|
| 成品形状 | 圆形薄饼 |
| 成品色泽 | 干白 |
| 成品质感 | 软糯 |
| 成品口味 | 面本味 |

图4-5　春饼

**（四）特别提醒**

（1）面坯间的油要刷到位，否则熟后揭不开。

（2）春饼不要烙至上色，否则会使饼发硬，影响口感。

（3）配饼的菜品可根据个人喜好随意搭配。

# 第二节　膨松面坯品种制作

## 一、火腿花卷

花卷中卷包的火腿可以根据已有材料，使用香肠、火腿肠、泥肠等。

**（一）操作准备**

1. 工具准备

案板、轧面机、电子秤、粉筛、炉具、蒸锅、盆、洁净湿布（或保鲜膜）、刀、油刷。

2. 原料准备

经验配方：中筋面粉500克，酵母7克，泡打粉3克，白糖50克，30℃水250克，方火腿一个或香肠25根。

**（二）操作步骤**

步骤1：面粉与泡打粉一起过粉筛放入盆中，加入酵母、白糖，分次放入清水和成面坯；用轧面机反复碾轧滋润成发酵面坯，盖上洁净湿布饧置。

步骤2：将方火腿用刀切成0.5厘米×0.5厘米×8厘米的长方形条状备用。

步骤3：将饧好的面坯揪剂子25个（30克/个）；将剂子搓成粗细均匀的细长条，将长条面坯的一头与火腿条的一头对头相搭，面坯长条均匀缠绕在火腿条上，缠绕的第一圈要用面压住对头相搭的面的一头，最后一圈要将面的最后断头塞在面条内，使面条紧紧缠绕在火腿条上，且两头不脱落；然后盖上洁净湿布饧置。

步骤4：用油刷将笼屉面刷薄薄一层油，以防制品粘底；将饧好的生坯半成品放入，开锅蒸20分钟即成。

**（三）成品特点（表4-6）**

表4-6　火腿花卷成品特点

| | |
|---|---|
| 成品形状 | 长条状，粗细匀称，面条缠绕密实均匀 |
| 成品色泽 | 色泽和谐 |
| 成品质感 | 质感暄软 |
| 成品口味 | 微咸 |

**（四）特别提醒**

（1）泡打粉应与面粉一起过粉筛，无颗粒，否则制品有黄色斑点，且表皮易起气泡。

（2）条要搓匀，且缠绕松紧度要匀，缠绕太紧蒸制时容易爆裂。

## 二、荷叶夹

此面食最适宜与红烧肉、酱鸡、酱鸭等动物菜肴配合食用。

### （一）操作准备

1. 工具准备

案板、电子秤、粉筛、蒸箱、蒸屉、盆、屉布（或保鲜膜）、刀、油刷。

2. 原料准备

经验配方：面粉 500 克，清水 250 克，干酵母 10 克，白糖 5 克，泡打粉 10 克，色拉油 50 克。

### （二）操作步骤

步骤 1：将面粉、泡打粉过箩后放入盆中，干酵母、白糖也倒入盆中，倒入清水 150 克与粉料和均匀，再将剩余的水分倒入面盆中，将面揉和滋润光滑，盖上湿布静置饧面 20 ~ 30 分钟。

步骤 2：将饧发好的面坯搓条，下剂 25 个；将剂子按扁，用面杖擀成厚 0.5 厘米的圆形皮子；用油刷将色拉油在皮子表面刷匀，对折成半圆，用刮面板在表面上压出放射性花纹，再顶出三个波纹。

步骤 3：用油刷在笼屉表面均匀刷一层油，将荷叶卷生坯码在屉上，放在潮湿温暖的地方再次饧发。

步骤 4：将生坯放入蒸箱内，旺火蒸 10 分钟至成熟；揭开锅盖感觉不粘手即成。

### （三）成品特点（表4-7）

表4-7　荷叶夹成品特点

| 成品形状 | 形似荷叶 |
| --- | --- |
| 成品色泽 | 色泽洁白 |
| 成品质感 | 膨松柔软，不粘手 |
| 成品口味 | 醇香 |

### （四）特别提醒

（1）要按照季节调节和面时的水温。

（2）饧发时间要根据季节、室温、湿度适当调节，以饧发合适为准。

（3）饼坯表面压纹时，用力要适当。用力太大，荷叶夹表面会切断；用力太小，荷叶夹饧发后表面会无花纹。

## 三、三色馒头

紫甘薯中含丰富的花青素，花青素对热稳定，对酸碱性敏感。当面坯的 pH 值为 5 时，该色素呈稳定的红色，而在 pH 值大于 5 时，其颜色由红色变为紫色再变为蓝色。由于天然食物中几乎没有蓝色食物，人们从视觉上、心理上不接受蓝色、蓝绿色食物，所以用紫薯制作面点制品，要避免与碱性物质混用，如小苏打、臭粉、泡打粉等。

同理，紫薯与本色面坯还可做出双色花卷。

### （一）操作准备

1. 工具准备

案板、电子秤、粉筛、炉具、蒸锅、盆、洁净湿布（或保鲜膜）、刀、油刷。

2. 原料准备

经验配方：面粉 500 克，清水 250 克，干酵母 10 克，白糖 5 克，色拉油 50 克，南瓜蓉 100 克，紫薯蓉 100 克。

（二）操作步骤

步骤 1：面粉过筛，与干酵母、白糖一起放到盆中，分次加入 200 克清水调制；再将其分三份，一份加入南瓜蓉揉均匀做成黄色面坯，另一份加入紫薯蓉调制成紫色面坯，剩余的加入 50 克清水和成面坯，三块面坯分别盖上湿布饧面。

步骤 2：将饧发好的面坯分别擀成长方形片，把黄色和紫色面片摞在本色面片上，用面杖稍擀紧，从一头卷成筒状，然后切成馒头剂子。

步骤 3：笼屉上均匀地刷上植物油，将切好的馒头生坯码在屉上，放在潮湿温暖的地方再次饧发。

步骤 4：将饧发好的花卷生坯放入蒸锅内，旺火蒸 15 分钟，熟透不粘手即成。

（三）成品特点（表 4-8）

表 4-8　三包馒头成品特点

| 成品形状 | 层次清晰 |
|---|---|
| 成品色泽 | 白、黄、紫色泽分明 |
| 成品质感 | 松软 |
| 成品口味 | 清香 |

（四）特别提醒

（1）面坯必须饧发充分才可上锅蒸制。

（2）配方中不能使用泡打粉，否则紫色将变为黑灰色。

（3）使用紫薯制作面点，面坯中应避免放入泡打粉、小苏打、臭粉等碱性物质，否则成品色泽欠佳。

（4）紫薯只是甘薯的一个颜色品种，与红薯、白薯一样，不是转基因食品。

### 四、脆麻花

脆麻花是我国清真小吃的常见品种，各地均有制作，其形状、质地基本相同。此外，还有芝麻麻花、馓子麻花、蜜麻花等。麻花有油香松脆、色泽清丽、价格亲民、四季皆宜的特点。

**（一）操作准备**

1. 工具准备

案板、轧面机、电子秤、粉筛、炸锅、漏勺、盆、屉布（或保鲜膜）、刀、油刷、托盘。

2. 原料准备

经验配方：面粉 500 克，红糖 100 克，小苏打 3 克，清水 250 克，色拉油（炸油）1 500 克。

**（二）操作步骤**

步骤 1：将面粉、红糖、小苏打、清水混合，用搓擦的方法和成面坯，盖上湿屉布饧面。

步骤 2：将饧好的面坯搓成长条，条直径在 3 厘米。

步骤 3：将圆条揪成 30 克的剂子。

步骤 4：将揪好的剂子横切面向上，搓成食指粗的小长条，条长 15 厘米；摆放整齐，在剂子上面刷上色拉油。

步骤 5：将饧好的长条双手搓成 30 厘米长，再按一个方向把面条搓上劲。

步骤 6：将搓上劲的面条对折两次成麻花状即可。

步骤 7：把搓好的麻花放入已准备好的油锅中，中火炸至金黄色捞出，放入托盘中晾凉。

### （三）成品特点（表4-9、图4-6）

**表4-9　脆麻花成品特点**

| 成品形状 | 卷曲条状 |
|---|---|
| 成品色泽 | 金黄或棕红 |
| 成品质感 | 焦、酥、脆，存放几天仍保持通脆 |
| 成品口味 | 微甜 |

**图4-6　脆麻花**

### （四）特别提醒

（1）面条搓制时要缠紧，防止松扣。

（2）炸制时油温不能过高，防止夹生。

（3）面坯不能过软，防止成品不能成型。

## 五、芝麻桃酥

桃酥是我国民间常见的茶点，其以酥脆的口感、香甜的味道、耐储存的特性受到民众的青睐。制作桃酥既可使用植物油，也可使用动物脂，糖的用量可根据喜好搭配。在配方中再加少量食盐，也是别有风味。

## （一）操作准备

1. 工具准备

电子秤、案板、刮刀、烤箱、烤盘。

2. 原料准备

经验配方：低筋面粉 1 500 克，白糖 750 克，花生油 600 克，臭粉 35 克，小苏打 15 克，鸡蛋 6 只。

装饰料：黑芝麻 5 克。

## （二）操作步骤

步骤 1：低筋面粉过筛放在案板上，围成凹形；将白糖、鸡蛋液搅打成乳白色，再加入臭粉、苏打粉，搅拌后加油，继续搅拌至乳化，最后拨入面粉叠压成面坯。

步骤 2：将面坯擀成厚 1 厘米的面片，用直径 5 厘米的铁模具扣出，放入烤盘内上面刷水，撒黑芝麻，即成生坯（剩余边角料可以重复使用）。

步骤 3：将炉温升至上火 180℃、下火 150℃，放入生坯，烤至淡黄色表面开裂即成。

## （三）成品特点（表 4-10）

表 4-10　芝麻桃酥成品特点

| | |
|---|---|
| 成品形状 | 圆形饼状，表面有龟裂花纹 |
| 成品色泽 | 色泽金黄，表面有黑色芝麻颗粒 |
| 成品质感 | 酥脆 |
| 成品口味 | 甘甜 |

## （四）特别提醒

（1）调制面坯时，蛋液与糖粉必须搅成乳白色，和面时速度要快。

（2）模具扣出后的圆饼，要用食指按一下，这样容易开裂。

（3）鸡蛋也可用水代替。

（4）炉温温度不可太高，否则成品流散性差。

## 六、油条

油条是中国百姓早餐桌上常见的品种，传统油条配方中均使用明矾，明矾的作用一是与小苏打遇水产气，二是使成品口感发脆。但有报道称，长期食用明矾有可能使人患上老年性痴呆症。这给有食用油条习惯的人们带来恐慌。本配方解决了不用明矾产品依然松脆的问题。

另外，多数油条配方中，和成的面坯必须当天使用且成品不能回锅复炸，而此配方饧好的面坯如不马上使用，可用保鲜膜封好后放入冰箱（5℃）冷藏保存两天，使用前从冰箱中取出饧15分钟，面坯即可继续成型、熟制。这不仅延长了面坯的使用寿命，而且可以做到成品复炸不出现"白霜"、不影响质量，从而提高了产品的商业价值。

**（一）操作准备**

1. 工具准备

炉灶、面案、台秤、面盆、刀、煸锅、铁筷子、笊篱、面杖、保鲜膜。

2. 原料准备

经验配方：玫瑰面粉500克，金像面粉350克，食盐16克，小苏打3克，臭粉4克，泡打粉27克，枧水5克，清水600克，炸油。

**（二）操作步骤**

步骤1：将玫瑰面粉、金像面粉、泡打粉过箩后倒入和面盆中拌匀。

步骤2：将食盐、小苏打、臭粉、枧水倒入小盆中，慢慢加入清水搅匀成溶液。

步骤3：将溶液分两次倒入面盆中。第一次倒入八成，用手将面粉抄匀，然后倒入剩余的溶液，用手将面搋匀，三光后用湿布盖住面坯静饧1小时。

步骤4：双手握拳，将面坯捣开。双手抻拉面的上部边缘叠至面坯中间，用手捣匀，再依次从下面向中间叠、从左面向中间叠、从右面向中间叠，并依次捣匀；用保鲜膜封好静饧4小时（冬季天凉温度低可适当增加静饧时间，夏季天热温度高可适当减少静饧时间）。

步骤5：面板上刷油，将面坯放在面板上铺成长方形；用刀切成5厘米宽长条，用面杖擀成宽约10厘米，厚约0.3厘米的长片，再顶刀切成宽约2厘米的条；将两根面条叠在一起，用刀背压一下，使其中间相连，做成油条生坯待用。

步骤6：油锅烧热（约180℃），两手将生坯从中间向两端抻开长约18厘米，生坯中间先下入锅中炸2秒，再将生坯全部下入锅中并用筷子不停翻动，炸到生坯鼓起且皮松脆、色泽金黄即可出锅。

（三）成品特点（表4-11、图4-7）

表4-11　油条成品特点

| 成品形状 | 双拼条状 |
| --- | --- |
| 成品色泽 | 棕红 |
| 成品质感 | 疏松松脆 |
| 干香味 | 干香味 |

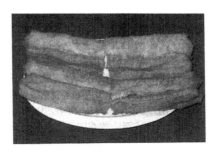

图 4-7　油条

**（四）特别提醒**

（1）保证面的饧发时间。时间短，则油条面发死不起；时间过长，面发过，油条面口感发硬炸不起。

（2）炸制时要用筷子不停翻动生坯，否则油条炸色不匀且膨胀不充分。

（3）面坯不用时，要用保鲜膜封好，防止风干结皮。

# 第三节　层酥面坯品种制作

## 一、螺丝转儿

螺丝转儿属于北京风味小吃，在制作上保留了传统技法和民族特点，口味独特，形味俱佳。

**（一）操作准备**

1. 工具准备

案板、电饼铛、电子秤、面杖、屉布（或保鲜膜）、刀、油刷。

2. 原料准备

经验配方：面粉 350 克，发面 150 克，清水 200 克，芝麻酱 250 克，红糖 50 克，香油 30 克，芝麻 100 克，食用碱 2 克。

**（二）操作步骤**

步骤 1：将面粉 350 克、发面 150 克加少量碱水和成半发面的面坯静置。

步骤 2：芝麻酱与红糖混合，用香油澥成麻酱汁。

步骤 3：将饧好的面坯揪成 50 克的剂子，用面杖擀成长方形面皮，刷上麻酱汁，从面皮的一头卷成卷，用手将卷稍稍按扁至 3 厘米宽。

步骤 4：将面卷用刀从中间竖切成两半，以拇指为中心将面坯稍抻拉并围绕拇指缠绕成圈，放在案台上轻轻按扁，成生坯。

步骤 5：电饼铛预热到 220℃，将生坯置于电饼铛上，烙成两面棕红即成螺丝转儿。

**（三）成品特点（表 4-12）**

表 4-12　螺丝转儿成品特点

| 成品形状 | 饼状，表面呈螺旋花纹 |
|---|---|
| 成品色泽 | 棕红 |
| 成品质感 | 外酥脆，内松软 |
| 成品口味 | 微甜酱香 |

**（四）特别提醒**

（1）面坯不能太硬，否则不易出层。

（2）烙制时电饼铛必须预热，否则成品口感干硬。

（3）烙制时，温度不能太高，否则容易夹生。

## 二、芝麻酱烧饼

芝麻酱烧饼是我国北方民间较为常见的面食品，其外酥内软、酱香浓郁的品质特征深受百姓喜爱。同时，还可以根据原料的变化制作花生酱烧饼，口味可根据喜好做成甜味或咸味。

**（一）操作准备**

1. 工具准备

案板、电子秤、电饼铛、屉布（或保鲜膜）、面杖、尺子板、油刷。

2. 原料准备

经验配方：面粉500克，清水350克，芝麻酱200克，植物油50克，酱油50克，白芝麻100克。

**（二）操作步骤**

步骤1：将面粉500克放在案台上，加清水350克用搓擦的方法和成面坯；盖上湿屉布静置饧面20分钟。

步骤2：将芝麻酱放入小盆中，分次将植物油倒入其中，用尺子板顺一个方向搅拌均匀。

步骤3：将饧好的面坯用面杖擀成一头稍宽、另一头窄的长形大片，面片上用刷子抹上稀释好的芝麻酱，再从窄的一头把面片卷成筒状，稍稍搓细，揪成50克的剂子摆放在案台上。

步骤4：将剂子拿起，用左右手分别握住剂子的两端，稍抻拉后把剂子两头收到剂子中间成圆形，放在案台上稍稍按扁；在按扁的饼坯表面均匀刷上酱油；将刷好酱油的饼坯放到芝麻盘中，一面蘸满芝麻。

步骤5：饼铛烧热，将蘸好芝麻的饼坯放在饼铛上烙制成熟。

## （三）成品特点（表 4-13、图 4-8）

**表 4-13　芝麻酱烧饼成品特点**

| 成品形状 | 圆形饼状 |
|---|---|
| 成品色泽 | 酱红 |
| 成品质感 | 表皮酥脆，内质松软 |
| 成品口味 | 微咸，酱香味浓 |

**图 4-8　芝麻酱烧饼**

### （四）特别提醒

（1）面坯不能太硬，否则烧饼不易出层。

（2）如芝麻酱黏稠度合适，则可不用植物油稀释。

（3）饼坯刷酱油时，一定要刷出黏性以便于蘸芝麻。

（4）饼铛要烧热，否则烧饼干硬，但烙制时温度不能太高，否则会夹生。

### 三、糖火烧

糖火烧是满族传统小吃，因其制作时用缸做成炉子，将烧饼生坯直接贴在缸壁上烤熟而得名。它是北京人常吃的早点之一，已有 300 多年历史。糖火烧香甜味厚，绵软不黏，适合老年人食用。相传远在明朝的崇祯年间，一位叫刘大顺的回民，从南京随粮船沿南北大运河来到今天北京城正东的通州，他见古镇通州水陆通达、商贾云集，便在镇上开了个小店，取名大顺斋，专门制作销售糖火烧。到清乾隆年间，大顺斋糖火烧已远近闻名了。

**（一）操作准备**

1. 工具准备

案板、轧面机、电子秤、电烤箱、盆、屉布（或保鲜膜）、刀、面杖。

2. 原料准备

经验配方：面粉 500 克，面肥 100 克，食用碱 2 克，麻酱 250 克，色拉油 100 克，红糖 50 克。

**（二）操作步骤**

步骤 1：将面粉和面肥加食用碱和成半发面的面坯。

步骤 2：将麻酱、色拉油、红糖调成糖麻酱汁。

步骤 3：将饧好的面坯擀成长方形的大面片，在擀好的面片上刷匀调制好的麻酱汁，再将面皮从一头紧紧卷起。

步骤 4：将卷好的面坯按每个 50 克揪成剂子，将剂子两头包严做成圆饼状。

步骤 5：将包好的生坯放入烤箱（210℃）15 分钟烤熟取出即可。

**（三）成品特点（表 4-14、图 4-9）**

表 4-14　糖火烧成品特点

| 成品形状 | 圆饼状，层次分明 |
| --- | --- |
| 成品色泽 | 棕红 |

中式面点制作

（续表）

| 成品形状 | 圆饼状，层次分明 |
|---|---|
| 成品质感 | 外皮酥脆，内瓤松软 |
| 成品口味 | 酱香味甜 |

**图 4-9　糖火烧**

**（四）特别提醒**

（1）面坯不能过硬，否则不易操作。

（2）麻酱不能太稀，防止麻酱外漏。

（3）卷制面皮时层次要多。

# 第四节　米粉面坯品种制作

## 一、艾窝窝

艾窝窝是北京传统风味小吃，每年农历春节前后，北京的小吃店都要上这个品种，一直卖到夏末秋初，所以艾窝窝也属春秋品种。关于艾窝窝的来源有两种说法，一说古已有之，源于北京。明万历年间内监刘若愚的《酌中志》中说："以糯米夹芝麻为凉糕，丸而馅之为窝窝，即古之'不落夹'是也。"另一说是由维吾尔族穆斯林带入清宫，后流传至北京民间。有诗云

"白黏江米入蒸锅，什锦馅儿粉面搓。浑似汤圆不待煮，清真唤作艾窝窝"。现在艾窝窝一年四季都有供应。其先成熟后成型工艺使用的面干儿，在干粉熟制后才能使用，熟制方法往往采用蒸制。

**（一）操作准备**

1. 工具准备

案台、蒸锅（箱）、台秤、盆、屉布、笺、刮刀、不锈钢长方盘。

2. 原料准备

经验配方：糯米 500 克，水 450 克。

馅心原料：豆沙馅、糖粉各 50 克，面粉 250 克。

辅助材料：酒精、酒精棉。

**（二）操作步骤**

步骤 1：用酒精棉蘸满酒精将案子、刮刀、笺、不锈钢长方盘擦拭消毒。

步骤 2：将干屉布平铺在蒸屉上，倒入面粉，用手指拨平，大火蒸 10 分钟。出锅后与糖粉一起过笺即成熟面干儿；豆沙馅用刮刀切成 15 克一个的剂子，用手搓成球状，备用。

步骤 3：将糯米放入盆中淘洗干净，加清水放入蒸箱中蒸成米饭，同时蒸一块 1 米见方的干屉布。

步骤 4：将蒸过的屉布平铺在消过毒的案子上，将米饭倒在屉布上，用屉布将蒸好的糯米饭包住，一只手攥住屉布的四角，另一只手边蘸凉水边趁热隔布搓擦糯米粉。

步骤 5：以熟面粉做面干儿，将米饭皮搓成直径为 5 厘米的条，切剂子 30 个（30 克/个）；将剂子切口向上，在切口处按上豆沙馅包成圆球状，收紧接口，表面滚蘸熟面干儿，接口向下码入不锈钢长方盘内即成。

### （三）成品特点（表4–15）

表4–15  艾窝窝成品特点

| 成品形状 | 圆球状，饭皮紧包馅心，不散不塌 |
| --- | --- |
| 成品色泽 | 洁白，表面均匀粘满粉状面干儿 |
| 成品质感 | 黏、软、糯、韧，不粘牙 |
| 成品口味 | 微甜 |

### （四）特别提醒

（1）蒸糯米时清水不能过多，防止糯米太黏稠不能操作。

（2）馅心不能太大，防止露馅。

（3）糖粉不能过多，防止糖化变软。

## 二、八宝饭

八宝饭的装饰料既有装饰的作用，同时也有调剂口味、营养搭配、调节色泽等作用，其原料的选择还可以用小枣、莲子、花生、核桃等。

### （一）操作准备

1. 工具准备

案台、炉灶、蒸锅（箱）、铜（不锈钢）锅、台秤、盆、油漏手勺、小碗、小刀。

2. 原料准备

经验配方：糯米 500 克，水 450 克，大油 25 克，白糖 25 克。

配料：豆沙馅、生粉各 50 克，白糖 200 克，水 250 克，桂花酱 50 克。

装饰料：青梅、京糕条、西瓜子、桃脯等共 50 克。

辅助材料：油纸一张。

**（二）操作步骤**

步骤 1：将小碗内壁均匀抹上大油；油纸裁成 15 厘米见方；将青梅、桃脯、京糕切成需要的形状，与瓜子仁一起在碗内壁上拼摆出图案。

步骤 2：将糯米倒入盆内洗净，加水 450 克，上蒸锅蒸 20 分钟做成糯米饭；趁热将大油 25 克、白糖 25 克与米饭拌匀。

步骤 3：拌匀的米饭团包入豆沙馅成团，放入碗内轻轻压实，将油纸刷过油的一面平铺在碗面上（盖严）待用。

步骤 4：开餐时，将小碗放入笼屉中蒸熟，取出后在表面盖一盘子，反扣过来，拿去碗。

步骤 5：铜（不锈钢）锅上火，放 500 克水、白糖 200 克烧开，倒入桂花酱，勾入适量水淀粉成玻璃芡，浇在盘子上即成。

**（三）成品特点（表 4-16、图 4-10）**

表 4-16　八宝饭成品特点

| | |
|---|---|
| 成品形状 | 外观随盛器形状，图案清晰 |
| 成品色泽 | 白底嵌花，玻璃芡明亮 |
| 成品质感 | 软、糯、滑 |
| 成品口味 | 微甜，果脯、干果、豆沙、桂花香味浓郁 |

**图 4-10　八宝饭**

**（四）特别提醒**

（1）蒸糯米时清水不能过多。

（2）贴图案时要记得图案是反向的。

（3）小碗涂抹猪油要均匀。

（4）勾芡不能太黏稠。

## 三、芝麻凉卷

糯米又称江米。其硬度低、黏性大、涨性小，色泽乳白不透明，但成熟后有透明感。糯米有籼糯米和粳糯米之分，粳糯米粒阔扁，呈圆形，其黏性较大，吸水率不及籼糯米，品质较佳；籼糯米粒细长，黏性较差，米质硬，不易煮烂。

**（一）操作准备**

1. 工具准备

案台、蒸锅（箱）、烤箱、台秤、盆、走槌、屉布、刮刀、不锈钢长方盘、油纸、尺子板。

2. 原料准备

经验配方：糯米 500 克，水 450 克。

配料：豆沙馅、芝麻各 500 克。

辅助材料：酒精，酒精棉。

**（二）操作步骤**

步骤 1：用酒精棉蘸满酒精将案子、刮刀、箩、不锈钢长方盘擦拭消毒。

步骤 2：将芝麻平铺在烤盘上，放入 180℃烤箱中烤成金黄色且出香味，倒在案子上用走槌擀轧成蓉，用刮刀盛入盆中；油纸裁成 8 厘米宽的纸条，备用。

步骤 3：将糯米放入盆中淘洗干净，加清水放入蒸箱中蒸成米饭，同时蒸一块 1 米见方的干屉布。

步骤 4：将蒸过的屉布平铺在消过毒的案子上，将米饭倒在屉布上，用屉布将蒸好的糯米饭包住；一只手攥住屉布的四角，另一只手边蘸凉水边趁热隔布搓擦到不见饭粒为止；解开布晾凉，用原布盖上，以免干屉皮。

步骤 5：在案子上撒上白芝麻末，将搓烂的糯米饭滚上芝麻末；搓成直径 5 厘米的长条后，压扁擀成 10 厘米宽、0.5 厘米厚的片；另将豆沙馅放在油纸上，擀成与油纸同样大小的 0.3 厘米厚的片，盖在糯米片上撕去油纸，由两边卷至中间相接呈如意状长条；将如意状长条的接口翻在下面，双手将长条捋成粗细一致的条，表面撒上芝麻末，切成 3 厘米宽的小段即可；将芝麻凉卷立放在不锈钢长方盘中（如意花纹向上）。

**（三）成品特点（表 4-17）**

表 4-17　芝麻凉卷成品特点

| 成品形状 | 如意卷状，花纹清晰，不散 |
| --- | --- |
| 成品色泽 | 黄、白、黑相间 |
| 成品质感 | 软、糯、沙 |
| 成品口味 | 微甜，有豆沙、芝麻香 |

**（四）特别提醒**

（1）使用粳性糯米。

（2）蒸饭时用水量要合适，否则饭皮面坯软烂或夹生。

（3）芝麻要烤熟，否则成品无芝麻香味。

（4）揉搓饭皮时，要适当蘸些凉水，否则手会烫伤。

# 第五节 杂粮面坯品种制作

## 一、莜面猫耳朵

莜面猫耳朵是我国晋式面点的代表品种，因外形酷似猫的耳朵而得名。猫耳朵可以用面粉、荞麦粉、高粱粉制作，配料中还可以有青豆、黄豆、豆腐干、芹菜、蒜苗等。

**（一）操作准备**

1. 工具准备

案板、电子秤、炉具、炒锅、盆、屉布（或保鲜膜）、刀、面杖。

2. 原料准备

经验配方：莜麦面 500 克，清水 250 克，柿子椒 100 克，胡萝卜 100 克，五花肉 50 克。

调味原料：植物油、食盐、鸡精、酱油、料酒。

**（二）操作步骤**

步骤 1：将莜麦面 500 克、清水 250 克用搓擦的方法和成面坯，盖上湿屉布静置。

步骤 2：将饧好的面坯用面杖擀成长方形的面片，用菜刀切成 1 厘米的长条，再切成 1 厘米见方的小面坯，用右手的拇指按住小面坯用力向前搓成耳朵形状。

步骤3：将青柿子椒、胡萝卜、五花肉切成小丁。

步骤4：锅上火，加入清水烧开放入搓好的猫耳朵，胡萝卜焯水取出过凉。

步骤5：锅上火，加入色拉油烧热放入肉丁煸炒，再放入青椒丁煸炒，最后放入焯过水的胡萝卜和猫耳朵，加入调味料调味即可出锅。

**（三）成品特点（表4-18、图4-11）**

表4-18　莜面猫耳朵成品特点

| 成品形状 | 形似猫耳 |
| --- | --- |
| 成品色泽 | 金黄、白、绿色彩分明 |
| 成品质感 | 质感筋道 |
| 成品口味 | 口味咸鲜 |

图4-11　莜面猫耳朵

**（四）特别提醒**

（1）主料与辅料的大小必须一致。

（2）搓制猫耳朵时形状要像。

（3）面坯不能过软，否则不易成型。

## 二、玉米面团子

玉米在我国广有栽种，也是我国部分地区百姓的主要粮食，但是以玉米为主食的地区，人们往往容易患癞皮病，这主要是维生素 $B_5$ 缺乏所致。玉米中含的维生素 $B_5$ 并不低，甚至高于大米，但是玉米中的维生素 $B_5$ 为结合型，不易被人体吸收利用。如果在玉米制品中加入少量的小苏打，将使大量游离的维生素 $B_5$ 释放出来，从而被人体利用。

**（一）操作准备**

1. 工具准备

案台、炉灶、案板、蒸锅（箱）、水锅、台秤、盆、刀、刮皮刀、擦子、笊篱、尺子板、油刷。

2. 原料准备

经验配方：玉米面 350 克，水约 300 克，小苏打 3 克。

馅心原料：肥瘦肉馅 250 克，胡萝卜 300 克。

调味原料：花椒 10 克，盐 15 克，料酒 20 克，酱油 20 克，葱 50 克，姜 10 克，大油 50 克，鸡精 5 克，五香粉 3 克，香油 10 克。

**（二）操作步骤**

步骤 1：将玉米面放入盆内，加入小苏打，清水分次加入，和匀后静置饧面，待用。

步骤 2：萝卜洗净，用刀切去头尾，用刮皮刀刮去表皮，用擦子将萝卜擦成细丝；葱、姜洗净，用刀切成葱花、姜末；花椒用开水浸泡，待用。

步骤 3：水锅内加入水，上火烧开，将萝卜丝倒入沸水中焯水；用笊篱将焯过水的萝卜丝捞出，晾凉后挤出水分。

步骤4：肉馅放入盆中，用盐、料酒、酱油搅打均匀入味，分次加入少量花椒水，用尺子板顺一个方向不断搅打使肉馅上劲，再放入葱花、姜末拌匀，加入萝卜丝，拌匀；最后加入鸡精、五香粉、香油调味。

步骤5：笼屉立放，用刷子蘸植物油将屉刷均匀。

步骤6：取35克玉米面坯在手中拍成皮坯，上馅后双手将馅包入面坯中，生坯呈团状，将菜团生坯整齐地码在屉上。

步骤7：将菜团生坯入蒸箱旺火蒸15分钟。

**（三）成品特点（表4-19、图4-12）**

表4-19　玉米面团子成品特点

| 成品形状 | 团球状，薄皮大馅 |
| --- | --- |
| 成品色泽 | 玉米面色 |
| 成品质感 | 松软，暄而不散 |
| 成品口味 | 咸鲜味浓 |

图4-12　玉米面团子

**（四）特别提醒**

（1）饧面时间要充分，使玉米面颗粒充分吸水，否则成品表面易开裂且口感过于粗糙。

（2）胡萝卜水分要挤净，否则馅心稀软，会使成品松散不成团。

### 三、杂粮饼干

莜麦、荞麦、玉米、小米、高粱面等杂粮在我国各地均有种植。目前杂粮面食加工以产区居民饮食习俗为主，传统面食品种单一、制作工艺复杂、口感粗糙、食味欠佳。以杂粮制作糕点，用于早餐和茶点，不仅便于储存、方便食用，还有利改变膳食结构，益于健康。

#### （一）操作准备

1. 工具准备

电子秤、冰箱、烤箱、面盆、蛋抽子、饼干木模、烤盘、塑料刮刀、保鲜膜。

2. 原料准备

经验配方：莜麦 200 克，黄油 150 克，白糖 45 克，可可粉 10 克，鸡蛋 50 克。

#### （二）操作步骤

步骤 1：将白糖、黄油混合放入盆中，用抽子搅拌至均匀，分次加入鸡蛋液，搅拌至乳膏状，掺入莜麦粉、可可粉混合搅拌，做成莜麦面坯。

步骤 2：木模中垫入保鲜膜，将面坯整理成长方形块状放入木模，按压紧实，封好保鲜膜，放入冰箱冷冻。

步骤 3：木模从冰箱中取出，将冻硬实的面坯从木模中取出，揭去保鲜膜，顶刀切成 0.3 厘米厚的饼干生坯。

步骤 4：饼干生坯整齐地码在烤盘上，180℃烤箱烘烤 8 分钟，取出静置冷却至室温。

## （三）成品特点（表4-20、图4-13）

表4-20　杂粮饼干成品特点

| 成品形状 | 片状 |
|---|---|
| 成品色泽 | 咖色 |
| 成品质感 | 酥脆 |
| 成品口味 | 口味微甜，味道苦香 |

图4-13　杂粮饼干

## （四）特别提醒

（1）严格按顺序投料，和面时要搅拌至原料完全乳化，否则影响成品涨发度。

（2）冷冻要冻透，否则影响切片且易散碎。

（3）烤制温度不能过低，否则饼干渗油。

## 四、红薯芝麻球

红薯、土豆、山药、芋头等在我国广有种植。民俗旅游开发薯类农作物的面食品，其原料来源便捷且对原料的品种、品质没有特殊要求，极易推广。薯类面坯无弹性、韧性、延伸性，虽可塑性强，但流散性大，用其制作点心，成品松软香嫩，具有薯类特殊的味道。

### （一）操作准备

1. 工具准备

电子秤、蒸锅、煸锅、漏勺、手勺、面盆、笊、刮刀、保鲜膜、盘子。

2. 原料准备

经验配方：红薯泥 500 克，糯米粉 150 克，澄粉 225 克，大油 25 克。

馅心原料：豆沙馅。

辅助原料：芝麻、生粉、鸡蛋、白糖、红糖。

### （二）操作步骤

步骤 1：红薯洗净，上蒸锅蒸熟，趁热去皮过笊成红薯泥。

步骤 2：将糯米粉、澄粉、大油、白糖与红薯泥混合搓擦均匀，做成薯蓉面坯。

步骤 3：将薯蓉面坯下剂子 60 个，分别包入豆沙馅，收口包严呈球状。

步骤 4：将红薯球在清水中稍蘸一下，再放入芝麻中滚蘸，使芝麻蘸均匀粘牢。

步骤 5：煸锅上火，倒入炸油烧至六成热，慢慢放入红薯芝麻球生坯，轻轻晃动煸锅炸至金黄色，用漏勺捞出。

### （三）成品特点 （表 4-21、图 4-14）

表 4-21 红薯芝麻球成品特点

| 成品形状 | 球状 |
| --- | --- |
| 成品色泽 | 金黄色 |
| 成品质感 | 表面酥脆，内质绵软 |
| 成品口味 | 薯香浓郁，口味香甜 |

图 4-14　红薯芝麻球

**（四）特别提醒**

（1）蒸薯类时间不宜过长，蒸熟即可，防止原料吸水过多，薯蓉太稀，工艺难以实现。

（2）糖和粉类原料需趁热掺入薯蓉中，随后加入油脂，擦匀折叠至面坯细腻润滑即可。

## 五、燕麦发糕

燕麦又称为莜麦，俗称油麦、玉麦、雀麦、野麦。燕麦主要有两种，一种是裸燕麦，另一种是皮燕麦。燕麦富含膳食纤维，能促进肠胃蠕动，利于排便，其热量低、升糖指数低，具有降脂降糖降压的"三降"作用。

**（一）操作准备**

1. 工具准备

案台、炉灶、案板、蒸锅（箱）、台秤、盆、刀、刮皮刀、木模、油刷。

2. 原料准备

经验配方：面粉 400 克，玉米面粉 100 克，燕麦片 100 克，白糖 100 克，牛奶 250 克，水 100 克，吉士粉 10 克，泡打粉 5 克，葡萄干 25 克，蜜枣 9 个。

**（二）操作步骤**

步骤 1：将面粉、玉米粉、燕麦片、白糖、葡萄干（提前洗干净）放入盆中，加入吉士粉、泡打粉拌匀。

步骤 2：将牛奶分两次倒入盆中，每倒一次，将面盆中的粉料捞匀；将水同样分两次倒入，将面粉和成面浆封好饧发（室温 25℃时饧发 2 小时左右，面坯涨发一倍鼓起就好）。

步骤 3：蒸锅内加入适量的水，加热至 60℃左右关火；将笼屉放入，铺好屉布，将发酵起的面浆放入，铺平，盖好屉盖继续饧发约 1 小时。

步骤 4：面浆再次涨发鼓起一倍时，蒸锅开火，将蜜枣码放在发糕生坯上，盖好屉盖，水烧开蒸制 45 分钟即可。

**（三）成品特点（表 4-22、图 4-15）**

表 4-22　燕麦发糕成品特点

| | |
|---|---|
| 成品形状 | 与模具形状相同，表面纹路清晰，棱角分明 |
| 成品颜色 | 色泽金黄 |
| 成品质感 | 软糯 |
| 成品口味 | 小麦、燕麦本味 |

**图 4-15　燕麦发糕**

**（四）特别提醒**

（1）牛奶、清水分次加入和面，避免一次全部加入使面浆和不均匀起疙瘩。

（2）面浆两次发酵，发起以后再进行下一步操作。

（3）一定等面浆涨发充分再开始蒸制。

# 第六节　其他面坯品种制作

## 一、黄桂柿子饼

我国是世界上产柿最多的国家，品种有 300 多种。从色泽上可分为红柿、黄柿、青柿、朱柿、白柿、乌柿等，从果形上可分为圆柿、长柿、方柿、葫芦柿、牛心柿等。本面点要选用果皮、果肉橙红色或鲜红色，果浆多，无核，肉质细密、多汁的柿子品种。

**（一）操作准备**

1. 工具准备

案台、案板、电饼铛、台秤、盆、刀、刮刀、箩、油刷。

2. 原料准备

经验配方：熟透的柿子 600 克，面粉 500 克。

馅心原料：白糖 200 克，猪板油 100 克，黄桂酱 30 克，玫瑰酱 10 克，熟核桃仁 50 克，青红丝 10 克，熟面粉 100 克。

**（二）操作步骤**

步骤 1：熟透的柿子去蒂揭皮后，放入盛器中，过箩取柿子汁。

步骤 2：面粉放在案子上，用刮刀将面粉中间开窝，放入柿子汁；左手握刮刀，右手将面粉和柿子汁搅和均匀，双手配合

中式面点制作

将面粉与柿子汁叠压成柔软光滑的柿子面坯。

步骤3：猪板油撕去油膜，切成黄豆粒大小的丁；青红丝、核桃仁切碎；白糖放入盛器中，加入黄桂酱、玫瑰酱拌匀；再放入板油丁、熟面粉搓拌；最后加入切碎的青红丝、核桃仁，搓拌成有黏性的黄桂白糖馅。

步骤4：将面坯搓条，切成30克重的剂子；取一剂子蘸上干粉按扁，包入馅心，拢上收口做成圆球形生坯。

步骤5：电饼铛开2挡（中火），铛底刷油，放入球形生坯，盖严铛盖；4~5分钟后，待饼坯上下面色泽金黄熟透时，出锅即成。

**（三）成品特点（表4-23、图4-16）**

表4-23　黄桂柿子饼成品特点

| 成品形状 | 圆形饼状 |
|---|---|
| 成品颜色 | 色泽橘黄至金黄 |
| 成品质感 | 软糯，表皮香脆，不韧不硬 |
| 成品口味 | 柿味浓厚，黄桂芳香 |

图4-16　柿子饼

**（四）特别提醒**

（1）柿子饼应趁热食用，此时口感软糯黏甜。

· 132 ·

（2）选择熟透的软柿子取汁，如果柿子汁少而面坯硬，会造成成品吃口硬而不糯。

（3）烙制温度要合适，且电饼挡要盖严盖子，否则成品面皮口感发硬。

## 二、南瓜饼

由于南瓜含水量有差异，因而掺粉的比例必须根据具体情况酌情掌握。本配方在工艺中还需根据南瓜的含水量调整糯米粉或澄粉的比例。根据粉料的性质，糯米粉多，成品质感黏糯，澄粉多，成品质感滑脆。

南瓜饼成品应具有南瓜的特殊香味，因而要尽可能少用粉料。鉴于此，南瓜要选用含水量少的老一些的南瓜，以尽量减少掺粉量，显出南瓜香味。另外，由于此面坯极有特色，成品属于轻馅品种，所以馅心比重不能超过面坯分量的30%。

### （一）操作准备

1. 工具准备

案台、炉灶、案板、蒸锅（箱）、台秤、盆、刀、刮皮刀、木模、油刷。

2. 原料准备

经验配方：糯米粉300克，澄粉100克，南瓜250克，白糖50克，桂花酱、黄油各150克。

馅心原料：莲蓉馅300克。

辅助原料：植物油150克。

### （二）操作步骤

步骤1：将南瓜去皮、去子洗净，切成块，放入蒸锅内蒸熟。

步骤2：蒸熟的南瓜出锅放在案板上，用长木铲趁热拌进黄

中式面点制作

油、糯米粉、澄粉、白糖、桂花酱，待原料不烫手，用手将全部原料搓擦成面坯。

步骤3：将面坯搓条。根据模具大小下面剂，用手捏成边缘稍薄、中间稍厚的碗形面坯，包入莲蓉馅；用手将面皮的四周拢上，收口，将其包制成近似于圆球形状。

步骤4：将木模内壁稍撒澄粉，将球形生坯嵌入木模内，用手将面坯按实；手握木模手把，将木模的左右侧分别在案子上用力各磕一次，使木模内面坯左右侧与木模分离，再将木模底面向上，用力在案子上再磕一下，将生坯磕出，轻轻用手拿起生坯，码入刷过油的笼屉内。

步骤5：将笼屉放入蒸锅，旺火蒸制10分钟至饼坯呈透明状熟透即可。

**（三）成品特点（表4-24、图4-17）**

表4-24　南瓜饼成品特点

| | |
|---|---|
| 成品形状 | 与磨具形状相同，表面纹路清晰，棱角分明 |
| 成品颜色 | 色泽金黄，呈半透明状 |
| 成品质感 | 软、糯、黏、韧 |
| 成品口味 | 瓜香浓郁 |

**图4-17　南瓜饼**

### （四）特别提醒

（1）成品需要趁热食用。

（2）蒸熟的南瓜饼晾凉后用保鲜膜封好，放入冰箱冷冻半月以上仍可食用。食用前需先化冻，既可回锅蒸，也可上煎盘加热。

## 三、腊味萝卜糕

腊味萝卜糕是广式面点的代表品种，可批量生产，且耐储存，适合冬季食用。

### （一）操作准备

**1. 工具准备**

台秤、盆、抽子、炉灶、蒸锅、不锈钢长方盘、保鲜膜、煸锅、平铲、刀。

**2. 原料准备**

经验配方：籼米粉 900 克，生粉 80 克，澄面 150 克，白萝卜 1 800 克。

辅助原料：盐 50 克，味精 50 克，糖 50 克，胡椒粉 5 克，香油 30 克，腊肠 80 克，腊肉 80 克，生油 300 克，水发冬菇 80 克，海米 80 克，清水 3 600 克。

### （二）操作步骤

步骤 1：白萝卜去皮切丝，焯水待用；腊肠、腊肉、水发冬菇切小粒，海米泡软后切碎，全部焯水备用。

步骤 2：将籼米粉、生粉、澄面、盐、味精、糖、胡椒粉、香油倒入盆内，慢慢加入清水 1 800 克用抽子搅匀，加入萝卜丝拌匀成粉浆备用。

步骤 3：另起煸锅，放少许油，将腊肠、腊肉、水发冬菇、海米炒香，加入清水 1 800 克、生油 300 克，水烧开后倒入粉

中式面点制作

浆，用抽子迅速搅匀成稀糊状生浆。

步骤4：不锈钢盘表面刷油，铺上一层保鲜膜，将生浆倒入盘内，面上再盖一层保鲜膜。

步骤5：蒸锅预热将水烧开，萝卜糕生浆上蒸锅旺火蒸40分钟；取出蒸熟的萝卜糕，去掉面上保鲜膜，在糕面上刷一层生油，冷却后放入冰箱，成腊味萝卜糕熟坯。

步骤6：食用前从冰箱中取出糕坯，用刀切成长方体块；煸锅上火加热，倒少量油，将萝卜糕放入热锅中，待萝卜糕两面金黄焦脆时出锅，码盘即可食用。

（三）成品特点（表4-25、图4-18）

表4-25　腊味萝卜糕成品特点

| 成品形状 | 片状 |
| --- | --- |
| 成品颜色 | 金镶白玉 |
| 成品质感 | 清淡软滑 |
| 成品口味 | 咸鲜适口 |

图4-18　腊味萝卜糕

**（四）特别提醒**

（1）萝卜丝、腊肠、腊肉要焯透，否则成品有萝卜膻味或异味。

（2）粉浆要开匀，否则蒸熟后糕内有粉块。

（3）和面时水要烧沸，否则面坯不成糊状。

（4）蒸糕时表面要封保鲜膜，否则蒸熟后糕面不平整。

（5）蒸制时间要按照盛器的大小、深浅确定，一般盛器深，蒸制时间稍长。

（6）萝卜糕坯必须冷却，否则易碎不成块，不易切片且粘刀。

# 主要参考文献

王翠波. 2018. 中式面点制作［M］. 北京：中国原子能出版社.

汪海涛. 2018. 中式面点制作［M］. 北京：北京理工大学出版社有限责任公司.

张德霞，杨永湘. 2018. 中式面点制作［M］. 成都：四川大学出版社.